常见基坑与地基基础施工技术

唐光暹　胡岳峰　编著

中国建筑工业出版社

图书在版编目（CIP）数据

常见基坑与地基基础施工技术 / 唐光暹, 胡岳峰编著. -- 北京 : 中国建筑工业出版社, 2024. 5. -- ISBN 978-7-112-29989-8

Ⅰ. TU46; TU753

中国国家版本馆CIP数据核字第20246NL863号

地基基础作为住房城乡建设和交通基础设施项目全周期的核心之一，承担总投资的首要部分也是影响工期的关键因素。规范地基基础的技术水平是提高基础设施全项目经济效益和竞争力不可或缺的关键环节，也是社会的责任。编著者根据行业规范要求，由高校牵头、校企合作编写了本书，本书内容共分为12章，包括：第1章 挂网喷射混凝土；第2章 土钉墙；第3章 锚杆（索）；第4章 钢板桩；第5章 地下连续墙；第6章 旋挖钻孔灌注桩；第7章 冲击成孔灌注桩；第8章 预应力混凝土管桩；第9章 夯实地基；第10章 水泥粉煤灰碎石桩；第11章 水泥土搅拌桩；第12章 高压旋喷桩。

本书可作为高等院校土木工程相关专业的专科、本科学习用书，也可作为住房城乡建设和交通基础设施建设技术人员的参考用书。

责任编辑：王华月
责任校对：芦欣甜

常见基坑与地基基础施工技术
唐光暹　胡岳峰　编著
*
中国建筑工业出版社出版、发行（北京海淀三里河路9号）
各地新华书店、建筑书店经销
北京点击世代文化传媒有限公司制版
建工社（河北）印刷有限公司印刷
*
开本：787毫米×1092毫米　1/16　印张：13¼　字数：273千字
2024年6月第一版　2024年6月第一次印刷
定价：**78.00**元
ISBN 978-7-112-29989-8
（43114）

本书编著委员会

主　　编：唐光暹　胡岳峰

副 主 编：罗志佳　明守成　钟广桥　曾科惟　张海明　邱　巍　杨晨迪

参编人员：刘其舟　农　力　肖冬生　曾　添　李　忠　王丽丽　王国庆
魏　炜　邵光强　梁承龙　白玉晶　杨　青　杜　静　马　娴
孙　鹏　韦春昌　孙美燕　屈　伸　杨树佳　田志强　沈园园
李永通　王　健　袁韶彬　梁福成　凌骏达　王玉梅　刘　兵
吕梁胜　李保军　覃春跃　孔德辅　梁金福　林有超　侯福昌
黄磊群　丁庆磊　李佰松　李楚楚　蒋家盛　柴　威　周有威

前言

地基基础作为住房城乡建设和交通基础设施项目全周期的核心之一，承担总投资的首要部分，也是影响工期的关键因素。规范地基基础的技术水平是提高基础设施全项目经济效益和竞争力不可或缺的关键环节，也是社会的责任。《常见基坑与地基基础施工技术》可作为高等院校土木工程相关专业的专科、本科学习用书，也可作为住房城乡建设和交通基础设施建设技术人员的参考书，本书旨在介绍业内常见的基坑和地基基础施工技术的适用范围、规范标准、设备和材料、基本工艺流程和质量控制要点、检验与验收，并重点讲述各类工艺典型质量通病和防治方法。

根据行业规范要求，由高校牵头、校企合作，全书由广西高校中青年教师科研基础能力提升项目（2024KY1169）和国家自然科学基金项目（52368014）联合资助，各地基基础相关企业协同合力编制。编写分工如下：由广西北投产城投资集团有限公司唐光暹、广西交通职业技术学院胡岳峰（编著 51%，约 13.9 万字）共同执笔撰写任主编并负责统稿，广西壮族自治区建筑工程质量检测中心有限公司罗志佳、广西桂岩基础工程有限公司明守成、广西建工第一建筑工程集团有限公司钟广桥、广西北投产城投资集团有限公司曾科惟、建研地基基础工程有限责任公司张海明、中国建筑第二工程局有限公司邱巍、广西机场管理集团有限责任公司杨晨迪任副主编。全书共分为三篇 12 个章节，第一篇为基坑工程，第二篇为桩基工程，第三篇为地基处理。感谢广西桂岩基础工程有限公司对第 1 章挂网喷射混凝土、第 3 章锚杆（索）、第 6 章旋挖钻孔灌注桩、第 12 章高压旋喷桩的编写提供宝贵修改意见，感谢建研地基基础工程有限责任公司对第 2 章土钉墙、第 7 章冲击成孔灌注桩、第 10 章水泥粉煤灰碎石桩、第 11 章水泥土搅拌桩的校稿，感谢广西壮族自治区建筑工程质量检测中心有限公司、中铁十六局集团第五工程有限公司、广西建工第一和第五建筑工程集团有限公司和所有参编单位团队对余下章节的复核建议。特别感谢广西北投产城投资集团有限公司、广西机场管理集团有限责任公司、中国建筑第二工程局有限公司提供的宝贵素材，特别感谢桂林理工大学、广西建设职业技术学院、广西大学、南宁学院和广西交通职业技术学院众多师生团队对本书合稿排版的指导和辛勤付出。

本书编写过程得到各高校和参编企业领导的大力支持，凝聚了施工项目一线员工的智慧和汗水，在此一并表示感谢！目前仅作为现场技术参考，施工时应以相应设计文件及现行国家及地方相关法律法规、规范标准、图集等为施工依据。由于编者水平有限，难免存在不足和疏漏之处，敬请广大读者批评指正，意见及建议可发送至邮箱 huyuefeng@gxjtc.edu.cn。

2024 年 5 月

目录

·第一篇·
基坑工程

·第二篇·

桩基工程

·第三篇·
地基处理

第一篇 基坑工程

第1章　挂网喷射混凝土

1.1　基本介绍及适用范围

（1）喷射混凝土，是用压力喷枪喷涂灌注细石混凝土的施工方法，是一种将胶凝材料、骨料等按一定比例拌制的混凝土拌合物送入喷射设备，借助压缩空气或其他动力输送，高速喷至受喷面所形成的一种混凝土。

（2）喷射混凝土方法分为干拌法和湿拌法。干拌法是将水泥、砂、石在干燥状态下拌合均匀，用压缩空气将其和速凝剂送至喷嘴并与压力水混合后进行喷灌的方法；湿拌法是将拌好的混凝土通过压浆泵送至喷嘴，再用压缩空气进行喷灌的方法。

（3）干拌法须由熟练人员操作，水灰比宜小，石子须用连续级配，粒径不得过大，水泥用量不宜太小，一般可获得 28 ~ 34MPa 的混凝土强度和良好的黏着力。但因喷射速度大，粉尘污染及回弹情况较严重，使用上受一定限制，适用于环境潮湿、地下水较多地方。湿拌法的喷射速度较低，由于水灰比增大，混凝土的初期强度亦较低，但回弹情况有所改善，材料配合易于控制。

（4）喷射混凝土适用于处理灌筑隧道内衬、墙壁、顶棚等薄壁结构或其他结构的衬里和钢结构的保护层，以及边坡支护、基坑放坡支护等支护工程。

1.2　主要规范标准文件

（1）《岩土锚杆与喷射混凝土支护工程技术规范》GB 50086；

（2）《混凝土质量控制标准》GB 50164；

（3）《混凝土强度检验评定标准》GB/T 50107；

（4）《混凝土结构工程施工质量验收规范》GB 50204；

（5）《喷射混凝土应用技术规程》JGJ/T 372；

（6）《喷射混凝土加固技术规程》CECS 161；

（7）《建设工程质量管理条例》；

（8）《建设工程安全生产管理条例》；

（9）其他现行相关规范标准、文件等。

1.3 设备及参数

（1）喷射混凝土机械系统主要由混凝土喷射机、空压机、搅拌机、输料管、供水设备、各类电气系统组成，空压机如图1.3-1所示。

图1.3-1 空压机

（2）常用设备及参数要求应符合现行国家标准《岩土锚杆与喷射混凝土支护工程技术规范》GB 50086第6.4章相关要求，详见表1.3-1。

常用设备及参数要求表 表1.3-1

工作方法	设备类型	参数要求
干拌法	喷射设备	生产能力宜> 5m/h，输送粒径不宜> 15mm； 水平输送距离不宜< 30m，竖向输送距离不宜< 20m
	空压机	转子喷射空压机供风量不应< 9m/min，泵送式空压机不应< 4m/min； 风压稳定，波动值不应> 0.01MPa，风压不宜< 0.6MPa； 送风管工作承压能力不宜< 0.6MPa
	输料管	工作承压能力> 0.8MPa、管径满足输送设计最大粒径； 具有良好耐磨性
	供水设备	喷头处水压应保证在0.15 ~ 0.20MPa
湿拌法	喷射设备	生产能力宜> 3m/h，输送粒径不宜> 20mm； 水平输送距离不宜< 100m，竖向输送距离不宜< 30m
	空压机	转子喷射空压机供风量不应< 9m/min，泵送式空压机不应< 4m^3/min； 风压稳定，风压不宜< 0.6MPa，波动值不应> 0.01MPa； 送风管工作承压能力不宜< 0.6MPa
	输料管	工作承压能力> 0.8MPa，管径满足输送设计最大粒径； 具有良好耐磨性

喷射设备应参考工程特点、支护部位条件、混凝土配合比以及喷射方量等施工条件进行选择。喷射混凝土的工艺流程中：主要是供料、压气、供水、供电四大系统；四大系统齐备，才能进行喷射混凝土操作。工作气压、喷头喷射的方向以及喷头距受喷围岩表面距离、一次喷层厚度、初喷与复喷的间隔时间、喷层与锚杆、金属网的关系等，都需要科学、合理的工艺参数，喷射混凝土作业条件准备参考表 1.3-2。

喷射混凝土作业条件准备 表 1.3-2

序号	作业条件内容	工作标准
1	喷射作业面	滴水、淋水作业面已按施工方案要求处理完毕，符合喷射混凝土要求。开挖成型，经检查符合设计空间位置
2	钢筋格栅网片安装	安装完成，固定牢固，通过检查验收
3	喷射混凝土厚度控制标志	设置完成，设置于钢筋格栅之间，间距 1m，喷锚面中央，顶部、底部应设置

1.4 材料及参数

（1）喷射混凝土拌合物宜采用集中强制式搅拌机拌制，容量规格不应小于 0.5m^3，搅拌时间不宜小于 120s。搅拌前，应对现场骨料进行含水率测试，并根据含水率的变化调整用水量和骨料用量。当骨料含水率有显著变化时，应增加测试次数。

（2）水泥宜采用硅酸盐水泥或普通硅酸盐水泥，并应符合现行国家标准《通用硅酸盐水泥》GB 175 的规定。用于永久性结构喷射混凝土的水泥强度等级不应低于 42.5 级。

1）细度（选择性指标）：硅酸盐水泥和普通硅酸盐水泥以比表面积表示，不小于 300m^2/kg。

2）凝结时间：硅酸盐水泥初凝不小于 45min，终凝不大于 390min；普通硅酸盐水泥、矿渣硅酸盐水泥、火山灰质硅酸盐水泥、粉煤灰硅酸盐水泥和复合硅酸盐水泥初凝不小于 45min，终凝不大于 600min。

（3）粗骨料应选用连续级配的碎石或卵石，最大公称粒径不宜大于 12mm；对于薄壳、形状复杂的结构及有特殊要求的工程，粗骨料最大公称粒径不宜大于 10mm；其他性能及试验方法应符合现行行业标准《普通混凝土用砂、石质量及检验方法标准》JGJ 52 中的规定，粗骨料的针、片状颗粒含量、含泥量及泥块含量，应符合表 1.4-1 的要求。

粗骨料的针、片状颗粒含量、含泥量及泥块含量 表 1.4-1

项目	针、片状颗粒含量		含泥量	泥块含量
	C20 ~ C35	≥ C40		
指标（%）	≤ 12.0	≤ 8.0	≤ 1.0	≤ 0.5

（4）细骨料宜选用Ⅱ区砂，细度模数宜为2.5～3.2；干拌法喷射时，细骨料含水率不宜大于6%。细骨料其他性能及试验方法应符合现行行业标准《普通混凝土用砂、石质量及检验方法标准》JGJ 52的规定。天然砂的含泥量和泥块含量应符合表1.4-2的要求，人工砂的石粉含量应符合现行行业标准《喷射混凝土应用技术规程》JGJ/T 372第3.2章及表1.4-3的要求。

天然砂含泥量和泥块含量 表1.4-2

项目	含泥量	泥块含量
指标（%）	≤3.0	≤1.0

人工砂石粉含量 表1.4-3

项目		≤C20	C25～C35	≥C40
石粉含量（%）	MB＜1.4	≤15.0	≤10.0	≤5.0
	MB≥1.4	≤5.0	≤3.0	≤2.0

（5）粉煤灰的等级不应低于Ⅱ级粉煤灰，烧失量不应大于5%，其他性能应符合现行国家标准《用于水泥和混凝土中的粉煤灰》GB/T 1596的规定。

（6）喷射混凝土速凝剂应符合下列规定：

1）掺加正常用量速凝剂的水泥净浆初凝不应大于3min，终凝不应大于12min。

2）加速凝剂的喷射混凝土试件，28d强度不应低于不加速凝剂强度的90%。

3）宜用无碱或者低碱型速凝剂。

（7）喷射混凝土用骨料的颗粒级配范围宜满足《喷射混凝土应用技术规程》JGJ/T 372第3.2章及表1.4-4的要求。

骨料的颗粒级配范围 表1.4-4

方孔筛筛孔边长（mm）	最大公称粒径（mm）	
	10	12
	累计筛余（%）	
16.00	0	0
9.50	18～27	10～38
4.75	40～50	30～60

1.5 常规工艺流程及质量控制要点

1.5.1 施工工艺流程

常规工艺流程如图1.5-1所示。

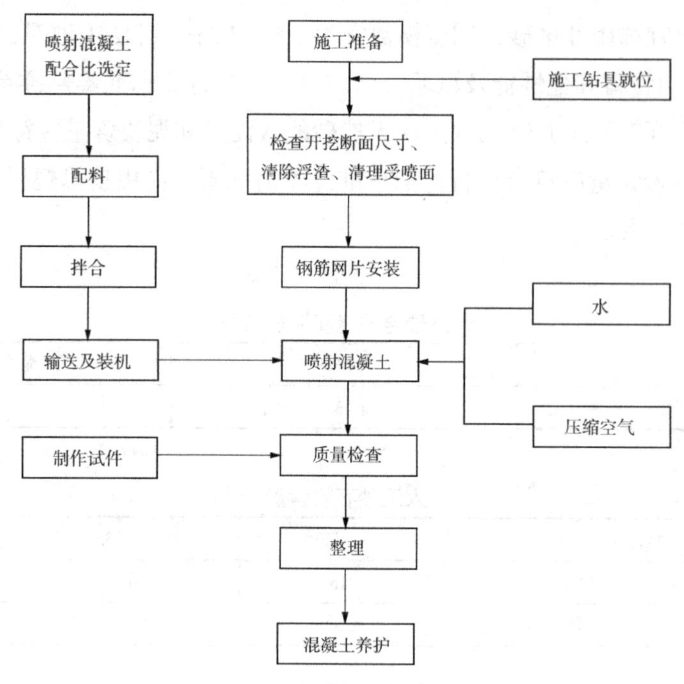

图 1.5-1 常规工艺流程图

1.5.2 施工准备

（1）岩土工程勘察报告、设计文件、图纸会审纪要、施工组织设计、施工方案等已备齐。

（2）喷射混凝土施工作业区障碍物处理完毕，满足施工要求，施工设施准备就绪。

（3）施工前应检查整套施工设备，保证设备状态良好，严禁带故障的设备进场。

（4）做好施工相关的水、电管线布置工作，保证进场后可立即投入施工，施工现场内道路、基坑坡道应符合设备运输车辆和汽车吊的行驶要求，保证运输安全。

（5）组装设备时应设立隔离区，专人指挥，非安装人员不得在组装区域内，严格按程序组装。

（6）安排材料进场，应按要求及时进行原材料检验和检测。

（7）开工前应对施工人员进行质量、安全技术教育，并完成技术交底。

1.5.3 施工工序要点

（1）试喷：喷射混凝土施工前，喷射工应进行试喷，混凝土性能合格后方可进行喷射操作。

（2）设备就位：喷射设备应参考工程特点、基底条件、混凝土配合比以及喷射方量等施工条件进行选择。

（3）各设备安装就位后，进行预检，作业开始：先送风、送水、再开机、给料，作业结束后，料喷完，先停水，再停机、停风，清理喷射机和料管。

（4）喷射作业：喷射作业宜避开高温时段，当水分蒸发速率过快时，宜在施工作业面采取挡风、遮阳、浇水、降温等措施，冬期施工时，应有保温措施。

（5）钢筋网绑扎：钢筋网绑扎间距及搭接长度应符合设计要求，钢筋网片应与受喷面有一定距离，保证保护层厚度满足设计及规范要求，钢筋网绑扎如图1.5-2所示。

图1.5-2 钢筋网绑扎

（6）喷射时，应使喷头尽量与受喷面垂直，角度不宜倾斜过大。

（7）喷射保持距离0.6～1.0m，喷嘴与喷射面的距离宜符合表1.5-1的规定。

喷嘴与喷射面的距离（m） 表1.5-1

喷射方式	干喷	湿喷
人工喷射	0.8～1.2	1.0～1.5
机械式喷射	—	1.0～2.0

（8）喷射作业应分片、分段，采取自上而下的顺序，每段长度不宜大于6m。

（9）分层喷射：混凝土喷射厚度大于100mm时，应采用分层喷射；加固工程喷射厚度大于70mm时，宜采用分层喷射。

（10）分层喷射时，第二次喷射应在第一次喷射的混凝土终凝后进行，间隔时间超过1h时，应采用高压水或者压缩空气对混凝土喷层表面进行清洗处理，分层喷射如图1.5-3所示。

（11）当遇到大风、气温达到冬期施工温度或雨水会冲刷新喷混凝土情况时，应采取遮挡、防寒等措施，可继续喷射。

（12）喷射较平缓坡面时，应防止喷射混凝土回弹积于坡面产生夹层。

（13）养护：喷射混凝土养护应符合现行国家标准《岩土锚杆与喷射混凝土支护工程技术规范》GB 50086第6.4.15条的有关规定。

图 1.5-3 分层喷射

1）宜采用喷水养护，也可采用薄膜覆盖养护；喷水养护应在喷射混凝土终凝后 2h 进行，养护时间不应少于 7d，重要工程不少于 14d。

2）气温低于 5℃时不得喷水养护。

（14）喷射混凝土冬期施工应符合现行国家标准《岩土锚杆与喷射混凝土支护工程技术规范》GB 50086 第 6.4.16 条的规定：

1）喷射作业区的气温不应低于 5℃。

2）混合料进入喷射机的温度不应低于 5℃。

3）喷射混凝土强度在下列情况时不得受冻：

①普通硅酸盐水泥配制的喷射混凝土低于设计强度的 30% 时；

②矿渣水泥配制的喷射混凝土低于设计强度的 40% 时。

4）不得在冻结面上喷射混凝土，也不宜在受喷面温度低于 2℃时喷射混凝土。

5）喷射混凝土冬期施工的防寒保护可用毯子或在封闭的帐篷内加温等措施。

1.5.4 质量控制要点

（1）原材料

1）喷射混凝土原材料进场，按规定批次查验型式检验报告、出场检验报告或合格证等质量证明文件，外加剂产品应提供相关使用说明书。

2）原材料进场后，进行进场检验，合格后方可使用，应符合现行国家标准《混凝土质量控制标准》GB 50164 中的第 2 章原材料质量控制中第 2.5 条“外加剂”、第 2.6 条“水”，第 3 章第 3.1 条“拌合物性能”、第 3.2 条“力学性能”的有关规定。

3）喷射混凝土拌合物宜采用集中强制式搅拌机拌制，容量规格不应小于 0.5m^3，搅拌时间不宜小于 120s。

（2）喷射作业

1）喷射混凝土的喷射作业区温度宜为 5～35℃，喷射混凝土拌合物温度宜为

10～30℃。

2）土层边坡和基坑，喷射前应清除坡面浮土、杂草等松散物并将坡面压实，并按设计要求做好边坡的排水沟和泄水孔，埋设控制喷射混凝土厚度。

3）边坡和基坑表面喷射前应保持湿润。

4）喷射混凝土施工过程中，水平喷射混凝土拌合物的回弹率不宜大于15%，竖直喷射混凝土拌合物回弹率不宜大于25%，喷射时产生的回弹物料，严禁重新掺入喷射拌合物中。

（3）不同施工部位应符合以下规定：

1）地下工程

①喷射混凝土施工顺序应与开挖顺序相适应。

②采用钻爆法施工，喷射混凝土紧跟开挖工作面施工，混凝土终凝到下一循环爆破时间间隔不应小于3h。

③喷射混凝土设计厚度变化处，厚度较大部位应向厚度较小部位延伸2～3m。

2）边坡工程和基坑工程

①喷射作业应从坡底开始自下而上、分段分片依次进行。

②喷射较平缓坡面，应防止喷射混凝土回弹物积于坡面产生夹层。

③严禁在冻土和松散面上直接喷射混凝土。

1.6 检验与验收

1.6.1 检验与检测

（1）喷射混凝土性能检验频率应符合现行行业标准《喷射混凝土应用技术规程》JGJ/T 372第9.1条的有关规定：

1）湿拌法喷射混凝土的黏聚性、坍落度的取样检测频率与强度检验相同。

2）对于有抗冻要求的喷射混凝土，应检验拌合物含气量，每工作台班应至少检验1次。

3）同一工程、同一配合比混凝土的水溶性氯离子含量应至少检验1次。

4）喷层厚度检验频率应符合下列规定：地下工程、边坡工程和基坑工程，结构性喷层为50m²/个，防护性喷层为200m²/个。

（2）喷射混凝土厚度检验评定应符合现行行业标准《喷射混凝土应用技术规程》JGJ/T 372第9.1条的有关规定：

1）喷射混凝土厚度应采用钻孔法检验。

2）喷层厚度应符合下列规定：

① 检验孔处喷层厚度的平均值不应小于设计厚度。

②对于地下工程、边坡工程和基坑工程，80% 喷层的检验孔处喷层厚度不应小于设计厚度，最小值不应小于设计厚度的 60%。

③加固工程和异型结构工程，喷层厚度的允许偏差值应为：−5 ~ +8mm。

（3）不同工程类别中喷射混凝土性能的质量检验项目应符合现行行业标准《喷射混凝土应用技术规程》JGJ/T 372 第 9.1 节“质量检验与验收”的相关规定，见表 1.6-1，并且应满足设计要求。

喷射混凝土性能的质量检验项目　　表 1.6-1

用途	拌合物性能	厚度	抗压强度	早期强度	粘结强度	抗拉强度	抗弯强度	弯曲韧性	抗渗性	抗冻性	抗化学侵蚀
地下工程	●	●	●	●	●	▲	▲	▲	▲	▲	▲
边坡工程	●	●	●	●	●	▲	▲	▲	▲	▲	▲
基坑工程	●	●	●	▲	▲	▲	▲	▲	▲	▲	▲
加固工程	●	●	●	▲	●	▲	▲	▲	▲	▲	▲

注：●必检，▲可选。

1.6.2　工程质量验收

（1）喷射混凝土工程的质量验收应符合现行行业标准《喷射混凝土应用技术规程》JGJ/T 372 第 9.2 节“工程质量与验收”的有关规定，见表 1.6-2。

喷射混凝土工程的质量验收　　表 1.6-2

项目	检查项目	允许偏差或允许值
主控项目	拌合物性能	达到设计要求
	喷射混凝土抗压强度	达到设计要求
	喷射混凝土粘结强度	与混凝土最小粘结： 0.5（非结构作用） 1.0（结构作用） 与岩石最小粘结： 0.2（非结构作用） 0.8（结构作用）
	喷射混凝土厚度	见第 1.6.1 节相关内容，达到设计要求
一般项目	表面质量	密实、无裂缝、无脱落、无漏喷、无露筋、无空鼓和无渗漏水

（2）喷射混凝土工程验收应按设计要求和质量合格条件进行分项工程验收，验收应提交下列文件：

1）施工图设计文件及施工方案；

2）材料的质量合格证明及进场复验报告；

3）喷射混凝土性能及厚度检测记录及报告；

4）喷射混凝土工程施工记录；

5）隐蔽工程验收记录；

6）其他必要的文件和记录。

1.7 质量通病防治

质量通病防治见表1.7-1。

质量通病防治 表1.7-1

质量通病	喷射混凝土强度不够
形成原因	（1）操作手未按技术交底进行作业； （2）材料未按配合比严格进行配置； （3）未按照施工方案和相关规范进行喷混操作
防治方法	（1）混凝土喷射施工前，喷射工应进行试喷，混凝土性能合格后方可进行喷射操作； （2）喷射设备应参考各类施工条件进行正确选择，空压机的送风量及风压要满足要求且要送风稳定； （3）严格按照相关配合比进行材料配置和混凝土拌制； （4）注意控制喷口和受喷面距离及角度
相关图片或示意图	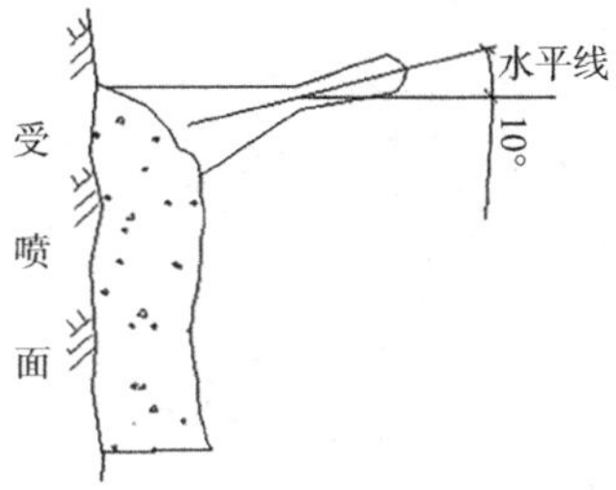 
质量通病	喷射混凝土厚度不够
形成原因	（1）未埋设控制喷射混凝土厚度标志； （2）施工队伍偷工； （3）旁站人员不足、控制不严，管理人员巡查不够； （4）复喷厚度控制不当，受喷角度和距离选择不当
防治方法	（1）设置厚度标志，纵横间距宜为1.0～1.5m。设有锚杆时可用锚杆露出长度作为控制喷混厚度标志； （2）加强对施工队伍的管理，增加奖惩措施并严格执行； （3）增加必要的旁站人员，进行现场培训，管理人员加强巡视； （4）注意控制喷口和受喷面距离及角度
相关图片或示意图	

续表

质量通病	喷混凝土有开裂现象
形成原因	(1)土层深度过深、未进行适合的分段作业，待喷面裸露时间过长； (2)受喷面有小股水或裂隙水； (3)受喷土层因开挖失稳，或受喷面上部存在不合要求的荷载
防治方法	(1)喷射作业分片、分段，采取自下而上顺序进行，分段长度不宜大于6m，及时开挖及时喷混，雨天对于未及时喷混的受喷面应及时采取覆盖等防护措施； (2)受喷面小股水或裂隙水宜采用岩面注浆或导管引排后再喷混凝土；大面积潮湿的岩面宜采用粘结性强的混凝土，可通过添加外加剂、掺合料改善混凝土性能；大股涌水宜采用注浆堵水后再喷混凝土； (3)受喷面上部严禁堆放材料及机械行走，要及时对有超标的坡顶荷载采取卸载措施
质量通病	表面不平整
形成原因	(1)扫喷速度不均匀，空压机喷气气压不稳定； (2)受喷面不平整，或存在浮土和松散岩石、土块等； (3)喷嘴与受喷面角度太小，形成混凝土在受喷面滚动产生凹凸不平的波形喷面
防治方法	(1)使用气压稳定且浮动范围在允许范围内的空压机； (2)整理受喷面，保证受喷面平整，清除表面浮土、松散石头、泥块； (3)根据施工的具体情况，注意控制喷口和受喷面距离及角度，及时调整，防止产生波形喷面

第2章　土钉墙

2.1　基本介绍及适用范围

（1）土钉是用来加固或同时锚固现场原位土体的细长杆件。通常采取土中钻孔、置入钢筋（带肋钢筋）并沿孔全长注浆的方法，如图 2.1-1 所示。土钉依靠与土体之间的界面粘结力或摩擦力，在土体发生变形的条件下被动受力，并主要承受拉力作用。土钉也可用钢管、角钢等作为钉体，如图 2.1-2 所示，采用直接击入的方法置入土中。

图 2.1-1　由带肋钢筋制成的土钉

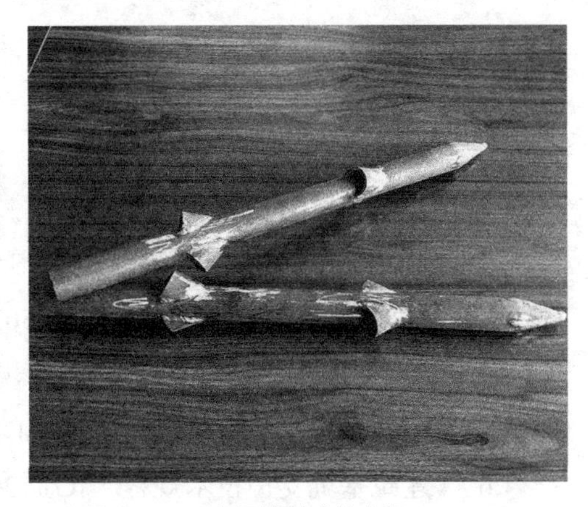

图 2.1-2　由钢管制成的土钉

（2）土钉墙是一种原位土体加筋技术。将基坑边坡通过由钢筋制成的土钉进行加固，边坡表面铺设一道钢筋网再喷射一层混凝土面层和土方边坡相结合的边坡加固型支护施工方法，如图 2.1-3 所示。

（3）土钉墙，可以显著提高、最大限度地利用基坑边壁土体固有力学强度，变土体荷载为支护结构体系一部分。喷射混凝土在高压气流的作用下高速喷向土层表面，在喷层与土层间产生“嵌固效应”，并随开挖逐步形成全封闭支护系统；喷层与嵌固层同具有保护和加固表层土，使之避免风化和雨水冲刷、浅层坍塌、局部剥落，以及隔水防渗等作用。土钉的特殊控压注浆可使被加固介质物理力学性能大为改善并使之成为一种新地质体，其内固段深固于滑移面之外的土体内部，其外固端同喷网面层联为一体，可把边壁不稳定的倾向转移到内固段及其附近并消除。钢筋网可使喷层具有更好的整体性和

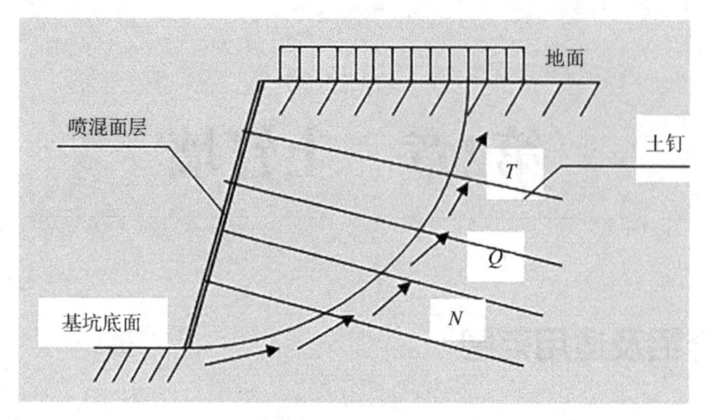

图 2.1-3　土钉墙示意图

柔性，能有效地调整喷层与土钉内应力分布。

（4）土钉墙适用于有一定粘结性的杂填土、黏性土、粉土、黄土与弱胶结的砂土边坡，地下水位低于开挖层或经过降水使地下水位低于开挖标高的情况。

2.2　主要规范标准文件

（1）《复合土钉墙基坑支护技术规范》GB 50739；

（2）《基坑土钉支护技术规程》CECS 96；

（3）《建筑边坡工程技术规范》GB 50330；

（4）《建筑边坡工程鉴定与加固技术规范》GB 50843；

（5）《建筑基坑工程安全管理规范》DB45/T 960；

（6）《建筑基坑支护技术规程》JGJ 120；

（7）《湿陷性黄土地区建筑基坑工程安全技术规程》JGJ 167；

（8）《喷射混凝土应用技术规程》JGJ/T 372；

（9）《喷射混凝土加固技术规程》CECS 161；

（10）《建筑地基基础工程施工质量验收标准》GB 50202；

（11）《混凝土用水标准》JGJ 63；

（12）《喷射混凝土用速凝剂》GB/T 35159；

（13）《通用硅酸盐水泥》GB 175；

（14）《普通混凝土用砂、石质量及检验方法标准》JGJ 52；

（15）《施工现场临时用电安全技术规范》JGJ 46；

（16）《建设工程质量管理条例》；

（17）《建设工程安全生产管理条例》；

（18）其他现行相关规范标准、文件等。

2.3 设备及参数

（1）锚杆钻机主要应用于水电站、铁路、公路边坡各类地质灾害防治中的滑坡及危岩体锚固工程，特别适合高边坡岩体锚固工程，还适用于施工城市深基坑支护、抗浮锚杆及地基灌浆加固工程孔、爆破工程的爆破孔、高压旋喷桩、隧道管棚支护孔等，将其动力头略微变动，即可方便地全方位施工。主要钻进方法：潜孔锤常规钻进、跟管钻进、螺旋钻进。该机主要由主机、操作台、底盘、行走机构、回转机构、液压系统及电气系统组成，如图 2.3-1 所示。

图 2.3-1 锚杆钻机

（2）设备型号及参数

常见设备型号及参数见表 2.3-1。

常见设备型号及参数表 表 2.3-1

型号	功率（kW）	钻孔直径（mm）	钻杆扭矩（kN·m）	钻孔深度（m）	钻杆转速（r/min）	钻杆倾角（°）
XY-100	10.75	90 ~ 130	1.70	20 ~ 40	90	0 ~ 90
MX-60A	24	90 ~ 185	2.50	50 ~ 80	125	-10 ~ 90
MX-120A	47	100 ~ 210	6.50	100 ~ 140	100	-10 ~ 90
MD-100A	40	130 ~ 250	5.50	80 ~ 120	100	-10 ~ 90

2.4 材料及参数

（1）土钉宜采用 HRB400、HRB500 级钢筋，直径为 16 ~ 32mm。

（2）水泥强度等级不应低于 32.5 级，并具有出厂合格证明文件和检测报告，强度等级符合现行国家标准《通用硅酸盐水泥》GB 175 第 6 章的规定：

1）硅酸盐水泥的强度等级分为 42.5、42.5R、52.5、52.5R、62.5、62.5R 六个等级。

2）普通硅酸盐水泥的强度等级分为 42.5、42.5R、52.5、52.5R 四个等级。

（3）应选用洁净中砂，质量符合现行行业标准《普通混凝土用砂、石质量及检验方法标准》JGJ 52 第 3.1.3 条的规定，见表 2.4-1。

天然砂中含泥量　　表 2.4-1

混凝土强度等级	≥ C60	C55 ~ C30	≤ C25
含泥量（按重量计 %）	≤ 2.0	≤ 3.0	≤ 5.0

（4）宜选用质地坚硬的粒径 10 ~ 20mm 的碎石或砾石，含泥量不大于 2%，质量符合现行行业标准《普通混凝土用砂、石质量及检验方法标准》JGJ 52 的规定。

（5）根据现行行业标准《喷射混凝土应用技术规程》JGJ/T 372 第 3.1.2 条规定，矿物掺合料应符合下列规定：

1）粉煤灰的等级不应低于Ⅱ级，烧失量不应大于 5%，质量检验合格，掺量通过配合比试验确定。

2）粒化高炉矿渣粉的等级不应低于 S95，其他性能应符合现行国家标准。

（6）宜选用喷射混凝土用速凝剂，质量符合现行国家标准《喷射混凝土用速凝剂》GB/T 35159 的要求，并应有性能检验报告，掺量和种类根据施工季节通过配合比试验确定。

（7）拌合用水应符合《混凝土用水标准》JGJ 63 第 3.1.1 条的规定，混凝土拌合用水水质要求见表 2.4-2。

混凝土拌合用水水质要求　　表 2.4-2

项目	预应力混凝土	钢筋混凝土	素混凝土
pH 值	≥ 5.0	≥ 4.5	≥ 4.5
不溶物（mg/L）	≤ 2000	≤ 2000	≤ 5000
可溶物（mg/L）	≤ 2000	≤ 5000	≤ 10000
Cl^-（mg/L）	≤ 500	≤ 1000	≤ 3500
SO_4^{2-}（mg/L）	≤ 600	≤ 2000	≤ 2700
碱含量（rag/L）	≤ 1500	≤ 1500	≤ 1500

注：碱含量按 Na_2O+0.658K_2O 计算值来表示。采用非碱活性骨料时，可不检验碱含量。

2.5　施工前技术准备

（1）岩土工程勘察报告、地下管网、附近建筑物或构筑物情况、设计文件、图纸会审纪要、施工组织设计等已备齐。对施工作业人员进行安全技术交底、三级安全教育。

（2）地上、地下障碍物处理完毕，达到“三通一平”，有满足机具设备作业要求的作业面，施工设施准备就绪。现场已设置测量控制点，并加以保护，施工前已复核土钉轴线。

（3）施工前应检查整套施工设备，按要求对机具设备进行保养，更换磨损超标的零件，保证设备状态良好，严禁带故障的设备进场。

（4）根据实际施工段的划分做好相关的水、电管线布置工作，保证进场后可立即投入施工，避免作业时出现相互干扰影响施工的情况。施工现场内道路、基坑坡道应符合设备运输车辆和工程机械的行驶要求，保证运输安全。

（5）组装设备时应设立隔离区，专人指挥，非安装人员不得在组装区域内，严格按程序组装。

（6）提前计算施工用材料量，做好材料需求计划，安排材料进场，严把钢材、水泥、砂、石等材料的质量关，原材料应具有合格证。应按要求及时进行原材料进场检验，根据相关规范标准对需要送检的原材料进行见证取样送检。

（7）根据水泥浆和混凝土的强度及工艺要求，提前做好配合比的试配和优选。

（8）设专人对坡顶水平位移、坡顶沉降观测点进行测量，每天将测量结果反馈给责任工程师以指导施工。

2.6 常规工艺流程及质量控制要点

2.6.1 常规工艺流程

常规工艺流程如图2.6-1所示。

2.6.2 施工工序要点

（1）土钉支护按设计规定的分层开挖深度按作业顺序施工，在完成上层作业面的土钉与喷混凝土以前，不进行下一层深度的开挖。

（2）当用机械进行土方作业时，严禁边壁出现超挖或造成边壁土体松动。基坑边壁采用小型机具或铲锹进行削坡，保证边坡平整并符合设计规定的坡度。

（3）为防止基坑边坡的裸露土体发生坍陷，对于易塌的土体可采取以下措施：

1）对修整后的边壁立即喷上一层薄的砂浆或混凝土，待凝结后再进行钻孔。

2）在作业面上先构筑钢筋网喷射混凝土面层，而后进行钻孔并设置土钉。

3）在水平方向上分小段间隔开挖。

4）先将作业深度上的边壁做成斜坡，待钻孔并设置土钉后再清坡。

5）在开挖前，沿开挖面垂直击入钢筋或钢管，或注浆加固土体。

（4）土钉支护是在排除地下水的条件下进行施工，采取恰当的排水措施包括地表排

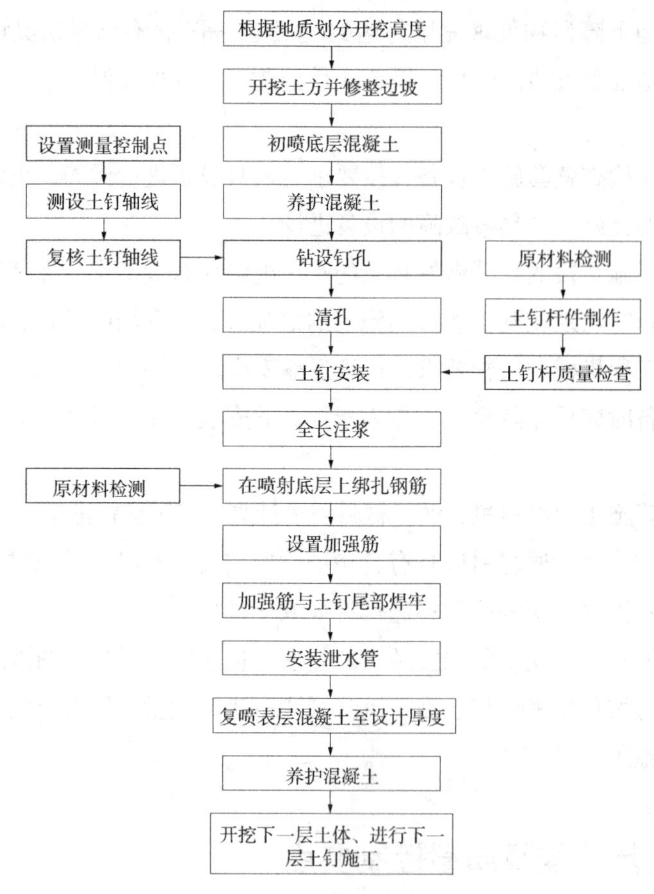

图 2.6-1　常规工艺流程图

水、支护内部排水，以及基坑排水，避免土体处于饱和状态并减轻作用于面层上的静水压力。

（5）对基坑四周支护范围内的地表进行修整，构筑排水沟和水泥砂浆或混凝土面层，防止地表降水向地下渗透。

（6）根据现行团体标准《基坑土钉支护技术规程》CECS 96 第 6.4.1 条的规定，土钉成孔前，按设计要求定出孔位并做出标记和编号。孔位的允许偏差不大于 150mm，钻孔的倾角误差不大于 3°，孔径允许偏差为 –5 ~ 20mm，孔深允许偏差为 –50 ~ 200mm。成孔过程中遇有障碍物需调整孔位时，不得影响支护安全。

（7）成孔过程中做好成孔记录，按土钉编号逐一记录取出的土体特征、成孔质量、事故处理等，以便及时修改土钉的设计参数。

（8）钻孔后进行清孔检查，对孔中出现的局部渗水塌孔或掉落松土立即处理，成孔后及时安设土钉钢筋并注浆。

（9）根据现行团体标准《基坑土钉支护技术规程》CECS 96 第 6.4.4 条的规定，土钉钢筋置入前，应先设置定位支架，保证钢筋处于钻孔的中心部位，支架沿钉长的间距为2～3m，支架的构造应不妨碍注浆时浆液的自由流动，支架可为金属或塑料件。

（10）根据现行团体标准《基坑土钉支护技术规程》CECS 96第6.4.5条的规定，土钉钢筋置入孔中后，可采用重力、低压（0.4～0.6MPa）或高压（1.0～2.0MPa）方法注浆填孔。水平孔应采用低压或高压方法注浆。压力注浆时应在钻孔口部设置止浆塞（如为分段注浆，止浆塞置于钻孔内规定的中间位置），注满后保持压力3～5min。

（11）根据现行团体标准《基坑土钉支护技术规程》CECS 96第6.4.8条的规定，向孔内注入浆体的充盈系数必须大于1.0。每次向孔内注浆时，宜预先计算所需的浆体体积并根据注浆泵的冲程数求出实际向孔内注入的浆体体积，以确认实际注浆量超过孔的体积。

（12）根据现行团体标准《基坑土钉支护技术规程》CECS 96第6.4.9条的规定，注浆用水泥砂浆的水灰比不宜超过0.4～0.45，使用水泥净浆时水灰比不宜超过0.45～0.5，并宜加入适量的速凝剂等外加剂用以促进早凝和控制泌水。

（13）根据现行团体标准《基坑土钉支护技术规程》CECS 96第6.4.10条的规定，砂浆强度用70mm×70mm×70mm立方试件经标准养护后测定，每批至少留3组（每组3块）试件：给出3d和28d强度。

（14）土钉端部通过其他形式的焊接件与面层相连，事先对焊接强度做出检验。土钉与面板连接。土钉与“L”形或“T”形强筋焊接。当采用“L”形焊接时，“L”形钩的方向宜交替排列。对于使用螺纹钢筋制作的土钉杆，其端部应设置“J”形弯钩，与加强筋满焊焊接在一起，不得直接钩挂加强筋或者点焊。

（15）在喷射混凝土前，面层内的钢筋网片牢固固定在边壁上并符合规定的保护层厚度要求。

（16）根据现行团体标准《基坑土钉支护技术规程》CECS 96第6.5.2条的规定，钢筋网片绑扎而成，网格允许偏差±10mm，钢筋网铺设时每边的搭接长度应不小于一个网格边长或200mm，如为搭接焊则焊接长度不小于网筋直径的10倍。

（17）根据现行团体标准《基坑土钉支护技术规程》CECS 96第6.5.3条的规定，喷射混凝土配合比通过试验确定，粗骨料最大粒径不大于12mm，水灰比不宜大于0.45，并应通过外加剂来调节所需工作度和早强时间。

（18）喷射混凝土的喷射顺序为自下而上，喷头与受喷面距离宜控制在0.80～1.50m范围内，射流方向垂直指向喷射面，防止在钢筋背面出现空隙。

（19）为保证施工时的喷射混凝土厚度达至规定值，可在边壁面上垂直打入短的钢筋段作为标志。在继续进行下步喷射混凝土作业时，仔细清除预留施工缝接合面上的浮浆层和松散碎屑，并喷水使之潮湿。

（20）根据现行团体标准《基坑土钉支护技术规程》CECS 96第6.5.8条的规定，喷射混凝土强度采用边长100mm立方试块进行测定，每批至少留取3组（每组3块）试件。

2.6.3 质量控制要点

（1）根据现行团体标准《基坑土钉支护技术规程》CECS 96 第 6.1.4 条的规定，土钉支护的施工机具和施工工艺应满足以下要求：

1）成孔机具的选择和工艺要适应现场土质特点和环境条件，保证进钻和抽出过程中不引起塌孔，一般可选用冲击钻机、锚杆钻机、回转钻机、洛阳铲等，在易塌孔的土体中钻孔时应采用套管成孔或挤压成孔。

2）注浆泵的规格、压力和输浆量满足施工要求。

3）混凝土喷射机的输送距离满足施工要求，供水设施能保证喷头处有足够的水量和水压（不小于 0.2MPa）。

4）空压机应满足喷射机工作风压和风量要求，一般可选用风量 $9m^3/min$ 以上，压力大于 0.5MPa 的空压机。

（2）测放土钉轴线

1）根据测量控制点，由专职测量人员按设计图准确无误地将土钉轴网放样到现场。现场桩位放样采用插木制短棍加白灰点作为桩位标识。

2）土钉位允许误差：20mm。

3）土钉位放样后经自检无误，填写相关测量资料。

（3）施工准备

1）土钉支护施工前监理人员必须了解工程的质量要求以及施工中的测试监控内容与要求，如基坑支护尺寸的允许误差，支护坡顶的允许最大变形，对邻近建筑物、管线、道路等环境安全影响的允许程度。

2）土钉支护施工前监理、施工、测量、设计单位有关人员共同到场确定基坑开挖线、轴线定位点、水准基点、变形观测点等，并要求施工单位负责加以妥善保护。

（4）工作面开挖

1）根据现行团体标准《基坑土钉支护技术规程》CECS 96 第 6.2.1 条的规定，施工单位根据设计规定的分层开挖深度按作业顺序施工，在完成上层作业面的土钉与喷混凝土以前，不得进行下一层深度的开挖。当基坑面积较大时，允许在距离四周边坡 8 ~ 10m 的基坑中部自由开挖，但应注意与分层作业区的开挖相协调，不得超挖。

2）根据现行团体标准《基坑土钉支护技术规程》CECS 96 第 6.2.2 条的规定，当用机械进行土方作业时，严禁施工人员在边壁出现超挖或造成边壁土体松动。基坑的边壁应采用小型机具或铲锹进行切削清坡，以保证边坡平整并符合设计规定的坡度。

3）根据现行团体标准《基坑土钉支护技术规程》CECS 96 第 6.2.3 条的规定，支护分层开挖深度和施工的作业顺序应保证修整后的裸露边坡能在规定的时间内保持自立并在限定的时间内完成支护，即及时设置土钉或喷射混凝土。基坑在水平方向的开挖也应分段进行，一般可取 10 ~ 20m。同时要求尽量缩短边壁土体的裸露时间。

（5）排水

1）土钉支护宜在排除地下水的条件下进行施工，施工单位应采取恰当的排水措施，包括地表排水、支护内部排水以及基坑排水，以避免土体处于饱和状态并减轻作用于面层上的静水压力。

2）根据现行团体标准《基坑土钉支护技术规程》CECS 96 第 6.3.2 条的规定，要求对基坑四周支护范围内的地表加以修整，构筑排水沟和水泥砂浆或混凝土地面，防止地表降水向地下渗透。靠近基坑坡顶处宽 2 ~ 4m 的地面应适当垫高，并且里高外低，便于径流远离边坡。

3）根据现行团体标准《基坑土钉支护技术规程》CECS 96 第 6.3.3 条的规定，在支护面层背部插入长度为 400 ~ 600mm、直径不小于 40mm 的水平排水管，其外端伸出支护面层，间距可为 1.5 ~ 2m，以便将喷混凝土面层后的积水排出，如图 2.6-2 所示。

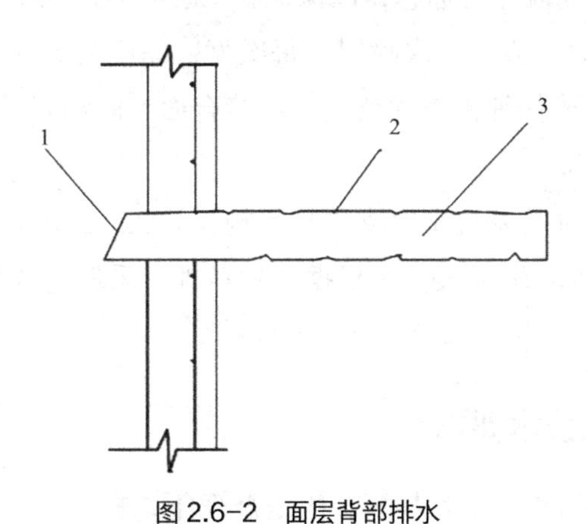

图 2.6-2　面层背部排水

1—排水管；2—孔眼；3—滤水材料

4）根据现行团体标准《基坑土钉支护技术规程》CECS 96 第 6.3.4 条的规定，为了排除积聚在基坑内的渗水和雨水，应在坑底设置排水沟及集水坑。排水沟应离开边壁 0.5 ~ 1m，排水沟及集水坑宜用砖砌并用砂浆抹面以防止渗漏，坑中积水应及时抽出。

（6）注浆

1）按照现行团体标准《基坑土钉支护技术规程》CECS 96 第 6.2.4 条的规定，土钉施工应设置对中架，对中架间距 1000 ~ 2000mm，支架的构造不应妨碍注浆。

2）根据现行团体标准《基坑土钉支护技术规程》CECS 96 第 6.4.5 条的规定，重力注浆以满孔为止，但在初凝前需补浆 1 ~ 2 次。

3）根据现行团体标准《基坑土钉支护技术规程》CECS 96 第 6.4.9 条的规定，施工时当浆体工作度不能满足要求时可外加高效减水剂，但严禁任意加大用水量。浆体应搅拌均匀并立即使用，开始注浆前、中途停顿或作业完毕后均须用水冲洗管路。

（7）边坡表面处理

1）表层钢筋网的铺设要求

①钢筋网应在喷射一层混凝土后铺设，钢筋保护层厚度不宜小于20mm。

②采用双层钢筋网时，第二层钢筋网应在第一层钢筋网被混凝土覆盖后铺设。

③钢筋网与土钉应连接牢固，监理员随机抽查。

2）混凝土喷射要求

①按照现行团体标准《基坑土钉支护技术规程》CECS 96第6.5.5条的要求，混凝土的喷射顺序应自下而上，喷头与受喷面距离宜控制在0.8～1.5m范围内，射流方向垂直指向喷射面，但在钢筋部位，应先喷填钢筋后方，然后再喷填钢筋前方，防止在钢筋背面出现空隙。

②按照现行团体标准《基坑土钉支护技术规程》CECS 96第6.5.6条的要求，在边壁面上垂直打入短的钢筋段作为标志，以保证施工时的喷射混凝土厚度达到规定值。当面层厚度超过100mm时，应分二次喷射，每次喷射厚度为50～70mm。在继续进行下步喷射混凝土作业时，要仔细检查预留施工缝接合面上的浮浆层和松散碎屑是否清除，如已清除，喷水使之潮湿。

③按照现行团体标准《基坑土钉支护技术规程》CECS 96第6.5.7条的要求，在喷射混凝土终凝2h后，现场施工人员应根据当地条件，采取连续喷水养护5～7d，或喷涂养护剂。

2.6.4 喷射混凝土技术要求

（1）利用筛子、斗检查粗细骨料配合比是否符合要求。

（2）检查骨料含水率是否合格。

（3）按设计配合比把水泥和骨料送入拌料机，上料要均匀。人工拌料时采用潮拌料，水泥、砂和石子应清底并翻拌三遍使其混合均匀。

（4）检查拌好的潮拌料含水率，要求能用手握成团，松开手似散非散，吹无烟。

（5）根据现行行业标准《喷射混凝土应用技术规程》JGJ/T 372第3.3.1条要求，速凝剂应与水泥具有良好的适应性，速凝剂掺量应通过试验确定，且不宜超过10%。

（6）坍落度为80～120cm，混凝土到达施工现场后，应进行坍落度的检查，实测混凝土坍落度与要求混凝土坍落度之间的允许偏差为±20mm，如图2.6-3所示。

图2.6-3 现场实测坍落度

（7）喷射混凝土施工前，每种拟用的外加剂至少做三次试块试验板，试验板测定的喷射混凝土工艺质量和抗压强度达到要求后，才能进行喷射混凝土施工。

（8）喷射混凝土作业应分段分片依次进行，喷射顺序自下而上。

（9）喷射机应严格执行喷射机的操作规程，应连续向喷射机供料；保持喷射机工作风压稳定；完成或因故中断喷射机作业时，应将喷射机和输料管内的积料清除干净。

（10）喷射混凝土养护：喷射混凝土终凝 2h 后，应喷水养护；养护时间一般工程不得小于 7d，重要工程不得少于 14d；气温低于 5℃时，不得喷水养护。

2.6.5 标准试件制作及养护

（1）混凝土强度试件应在混凝土的浇筑地点随机抽取。取样与试件留置应符合现行国家标准《混凝土结构工程施工质量验收规范》GB 50204 中第 7.4.1 条规定：

1）每拌制 100 盘且不超过 $100m^3$ 的同配合比的混凝土，取样不得少于 1 次。

2）每工作班拌制的同一配合比的混凝土不足 100 盘时，取样不得少于 1 次。

3）当一次连续浇筑超过 $1000m^3$ 时，同一配合比的混凝土每 $200m^3$ 取样不得少于 1 次。

4）每一楼层、同一配合比的混凝土，取样不得少于 1 次。

5）每次取样应至少留置一组标准养护试件，同条件养护试件的留置组数应根据实际需要确定，如图 2.6-4 所示。

图 2.6-4 现场制作试件

（2）标准试件养护

1）同条件养护试件拆模后，应放置在靠近相应结构构件或结构部位的适当位置，并应采取相同的养护方法。

2）同条件自然养护试件的等效养护龄期及相应的试件强度代表值，宜根据当地的气温和养护条件，按下列规定确定：

①等效养护龄期可取按日平均温度逐日累计达到600℃时所对应的龄期，0℃及以下的龄期不计入；等效养护龄期不应小于14d，也不宜大于60d。

②同条件养护试件的强度代表值应根据强度试验结果按现行国家标准《混凝土强度检验评定标准》GB/T 50107的规定确定后，乘折算系数取用；折算系数宜取为1.10，也可以根据当地的试验统计结果作适当调整。

2.7 质量控制标准

（1）一般规定

1）土钉墙应进行土钉位置、土钉长度、土钉直径、钻孔倾斜度、土钉墙混凝土面厚度及土钉抗拔力检验。

2）砂、石子、水泥、钢材等原材料质量的检验项目和检验方法应符合现行有关规范、标准。

（2）检验与检测

1）施工前应检验桩位，桩位偏差应符合现行国家标准《建筑地基基础工程施工质量验收标准》GB 50202第5.1.4条的规定。

2）施工前应进行检验：使用预拌混凝土的，应有产品合格证和搅拌站提供的质量检查资料。

3）施工过程中应进行检验：灌注混凝土前，对已成孔的中心位置、孔深、孔径及垂直度进行检验。

（3）按照《复合土钉墙基坑支护技术规范》GB 50739第6.5.1条要求，土钉墙质量检验标准宜符合表2.7-1的要求。

土钉墙质量检验标准　　表2.7-1

项目	序号	检查项目	允许偏差或允许值		检查方法
			单位	数值	
主控项目	1	土钉长度	mm	±30	用钢尺量
	2	土钉抗拔力	设计要求		现场实测
一般项目	1	土钉位置	mm	±100	用钢尺量
	2	钻孔倾斜度	°	±2	测钻机倾角
	3	浆体强度	设计要求		试样送检
	4	注浆量	大于理论计算浆量		检查计量数据
	5	土钉墙面厚度	mm	±10	用钢尺量
	6	混凝土面抗压强度	设计要求		试样送检

2.8 检验与验收

（1）施工层段的划分是否符合施工方案的要求。

（2）检查边坡清理情况。

（3）检查土钉墙的成孔情况：孔位、孔深、角度等。

（4）检查土钉杆是否验收合格。

（5）检查土钉注浆情况。

（6）检查钢筋网连接情况。

（7）监督混凝土的喷射施工过程。

（8）检查混凝土的试块留置及养护，是否符合相关规定。

（9）进行边坡的稳定性观测。

（10）混凝土冬期施工时，检查采取的混凝土防冻、养护措施是否到位。

2.9 质量通病防治

质量通病防治见表2.9-1。

质量通病防治　　表2.9-1

质量通病	土钉长度及土钉位置偏差
形成原因	（1）操作手未按技术交底进行作业； （2）旁站人员未对钻机进行有效监控； （3）技术交底未明确具体作业
防治方法	（1）土钉长度：根据露出土面的钻杆长度，计算已钻进的深度，进而保证土钉的长度； （2）土钉位置偏差：施工时用白灰将土钉位置在轴网上标识出来，施工时用卷尺测量钻进孔位与土钉轴网的偏差，控制土钉位置不过度偏移
相关图片或示意图	

续表

质量通病	土钉注浆不饱满
形成原因	（1）注浆压力不够； （2）注浆管提升过快； （3）施工队伍偷工； （4）旁站人员不足、控制不严，管理人员巡查不够
防治方法	（1）在注浆机上粘贴注浆压力技术指标，并对注浆机操作人员进行技术交底； （2）明确注浆提管速度，不得过快提管； （3）增加必要的旁站人员进行监督管理，对施工作业人员进行培训； （4）分部和经理部管理人员加强巡视，特别是夜间施工的巡视
相关图片或示意图	

质量通病	钢筋网间距不均匀
形成原因	（1）技术交底不到位； （2）工人未按要求进行施工
防治方法	（1）加强施工作业人员的交底； （2）施工过程中加大检查力度，对未按要求进行施工的予以返工整改处理
相关图片或示意图	

质量通病	喷射混凝土开裂
形成原因	（1）喷射混凝土养护不到位； （2）排水未做好，水流冲刷土体形成空洞，引起混凝土开裂； （3）土体超挖，回填不饱满，有空洞引起混凝土开裂
防治方法	（1）按要求进行喷射混凝土养护，喷射混凝土终凝2h后应喷水养护，养护时间一般工程不得小于7d，重要工程不得少于14d，气温低于5℃时，不得喷水养护； （2）安装好泄水管，根据现场实际情况合理设置排水沟，确保土体不受水流冲刷； （3）对于超挖部分采用低强度等级素混凝土回填至合理位置，确保无空洞

续表

质量通病	喷射混凝土开裂
相关图片或示意图	

质量通病	喷射混凝土面层未形成整体
形成原因	(1)施工作业人员未按图施工,操作不规范; (2)挂网钢筋搭接不够; (3)钢筋分层挂网时不牢固,发生滑脱位移
防治方法	(1)加强技术交底、明确技术指标,增强现场管理监督力度,保证按图施工; (2)钢筋挂网时,必须与上一层钢筋有足够的搭接长度; (3)钢筋分层挂网时,要绑扎牢固,使用短钢筋打入土体作为临时的钢筋网支撑点,防止发生滑脱位移
相关图片或示意图	

质量通病	软弱土体局部坍塌
形成原因	(1)开挖后放置时间过久,未及时进行土钉墙支护; (2)排水设置不合理,导致软弱土体含水量过高,发生位移; (3)局部土体过于软弱,无法保持稳定
防治方法	(1)与土方作业单位事先做好沟通协调,土方开挖之后,及时做好土钉支护; (2)根据设计图纸、现场实际情况合理布置泄水管,并设置排水沟; (3)采用沙袋进行换填,并在沙袋之间使用松木作为桩钉,防止沙袋位移
相关图片或示意图	 

第3章　锚杆（索）

3.1　基本介绍及适用范围

（1）岩土锚杆（索）（以下简称锚杆）包括杆体（由钢绞线、钢筋、特质钢管等筋材组成）、注浆体、锚具、套管和可能使用的连接器，使用钢绞线或高强钢丝束为杆体材料，可称锚索。

（2）锚杆是一种边坡、岩土深基坑等地表工程中采用的一种加固支护方式，用金属件、聚合物或其他材料制成杆件，打入地表土体、岩体预先钻好的孔中，依靠锚固于稳定岩土层内锚杆的抗拔力平衡锚拉处的土压力。

（3）锚杆适用于边坡支护、危岩锚定、滑坡整治、洞室加固及高层建筑基础锚固等工程中，当坡顶边缘附近有重要建（构）筑物时，为防止支护结构发生较大变形，此时采用预应力锚杆能有效控制支护结构及边坡的变形量，同时增加边坡滑裂面上的正应力及阻滑力，有利于建（构）筑物的安全，有利于边坡的稳定。

3.2　主要规范标准文件

（1）《岩土锚杆与喷射混凝土支护工程技术规范》GB 50086；

（2）《建筑边坡工程技术规范》GB 50330；

（3）《建筑地基基础工程施工质量验收标准》GB 50202；

（4）《岩土锚杆（索）技术规程》CECS 22；

（5）《建筑基坑支护技术规程》JGJ 120；

（6）《锚杆检测与监测技术规程》JGJ/T 401；

（7）《锚杆锚固质量无损检测技术规程》JGJ/T 182；

（8）《锚杆（索）检测技术规程》DBJ/T 45-109；

（9）《建设工程质量管理条例》；

（10）其他现行相关规范标准、文件等。

3.3 设备及参数

（1）锚杆施工设备组主要由潜孔钻机、空压机、搅拌机、电焊机、切割机、注浆机、供水系统及电气系统组成，如图 3.3-1 所示。

图 3.3-1 锚杆施工设备组

（2）设备参数

常用设备及参数要求见表 3.3-1。

常用设备及参数要求 表 3.3-1

成孔设备	可使用多功能钻机、浅孔钻机，根据施工场地不同，可选择步履式、履带式、固定安装式钻机进行施工
空压机	泵送式空压机不应小于 4m/min，转子喷射空压机供风量不应小于 9m/min； 风压稳定，风压不宜小于 0.6MPa，波动值不应大于 0.01MPa； 送风管工作承压能力不宜小于 0.6MPa
注浆管	具有足够内径，能使浆体压至钻孔底部。能承受 1.0MPa 的压力；二次高压注浆管耐压力不应小于 5.0MPa
供水设备	保证供水量的稳定及足够内径

不同类型预应力锚杆工作特性及适用条件 表 3.3-2

序号	锚杆类型	工作特性及适用条件
1	拉力型锚杆	锚固地层为硬岩、中硬岩或非软土层； 单锚的极限受拉承载力为 200 ~ 10000kN； 当锚固段长大于 8m（岩层）和 12m（土层）时，锚杆极限抗拔承载力的提高极为有限或不再提高； 锚杆长度可达 50m 或更大
2	压力型锚杆	锚固地层为硬腐蚀性较高的岩土层； 单锚的极限受拉承载力为 300kN（土层）~ 1000kN（岩石）； 当锚固段长大于 8m（岩层）和 12m（土层）时，对锚杆极限抗拔承载力的提高是极为有限或不再提高的，具有良好的防腐性能； 锚杆长度可达 50m 或更大

续表

序号	锚杆类型	工作特性及适用条件
3	压力分散型锚杆	锚固地层为软岩、土层或腐蚀性较高的地层； 锚杆的极限抗拔承载力可随锚固段长度增大成比例增加； 单位长度锚固段承载力高，且蠕变量小； 具有良好的防腐性能； 锚杆长度可达 50m 或更长
4	拉力分散型锚杆	锚固地层为软岩或土层； 锚杆的极限抗拔承载力可随锚固段长度增大成比例增加； 单位长度锚固段承载力高，且蠕变量小； 锚杆长度可达 50m 或更长
5	后（重复）高压灌注锚杆	适用于土层或软岩中的临时性或永久性锚杆； 单位长度锚固段抗拔承载力可提高 1.0 倍以上； 可对锚固段周边地层实施多次高压灌注
6	可拆芯式锚杆	是锚固于岩石或土层中的临时性锚杆； 用于锚杆预应力筋材需拆除的工程

锚固工程设计中，锚杆的类型应根据工程要求、锚固地层性态、锚杆极限受拉承载力、不同类型锚杆的工作特征、现场条件及施工方法等综合因素选定。在软岩或土层中，当拉力或压力型锚杆的锚固段长超过 8m（软岩）和 12m（土层）仍无法满足极限抗拔承载力要求或需要更高的锚杆极限抗拔承载力时，宜采用压力分散型或拉力分散型锚杆。不同类型预应力锚杆的工作特性与适用条件应符合现行国家标准《岩土锚杆与喷射混凝土支护工程技术规范》GB 50086 第 4.3 节的有关规定，见表 3.3-2。

3.4 材料及参数

（1）锚杆杆体采用的钢绞线应符合现行国家标准《岩土锚杆与喷射混凝土支护工程技术规范》GB 50086 中第 4.4 条的有关规定。

1）钢绞线、环氧涂层钢绞线、无粘结钢绞线，应符合现行国家标准《预应力混凝土用钢绞线》GB/T 5224 的有关规定。

2）对拉锚杆及压力型锚杆宜采用无粘结钢绞线。

3）除修复外，钢绞线不得连接。

（2）锚杆杆体采用的钢筋应符合下列规定：

1）锚杆预应力筋宜采用预应力螺纹钢筋。

2）当锚杆极限承载力小于 200kN 且锚杆长度小于 20m 的锚杆，也可采用普通钢筋。

3）锚杆连接构件均应能承受 100% 的杆体极限抗拉承载力。

（3）注浆用水泥宜采用普通硅酸盐水泥或复合硅酸盐水泥，水泥应符合现行国家标准《通用硅酸盐水泥》GB 175 的有关规定，对防腐有特殊要求时，可采用抗硫酸盐水泥，不得采用高铝水泥；水泥强度等级不应低于 32.5 级，压力型和压力分散型锚杆用水泥强度等级不应低于 42.5 级。

（4）注浆料用的细骨料应符合下列规定：

1）水泥砂浆只能用于一次注浆，细骨料应选用粒径小于 2.0mm 的砂。

2）砂的含泥量按重量计不得大于总重量的 3%，砂中含云母、有机质、硫化物及硫酸盐等有害物质的含量，按重量计不得大于总重量的 1%。

（5）注浆料中使用的外加剂应符合下列规定：

1）通过配合比试验后，水泥注浆材料中可使用外加剂，外加剂不得影响浆体与岩土体的粘结和对杆体产生腐蚀。

2）对锚杆过渡管内二次充填灌浆时，也可使用膨胀剂。

3）水泥浆中氧化物含量不得超过水泥重量的 0.1%。

（6）锚具应符合下列规定：

1）预应力筋用锚具、夹具和连接器的性能均应符合现行国家标准《预应力筋用锚具、夹具和连接器》GB/T 14370 的有关规定。

2）根据锚杆的使用目的，可采用能调节锚杆预应力的锚头。

3）锚具罩应采用钢材或塑料材料制作加工，须完全罩住锚具和预应力筋的尾端，承压板的接缝应为水密性接缝。

（7）承压板和台座应符合下列规定：

1）承压板和台座的强度及构造应满足锚杆拉力设计值，以及锚具和结构物的连接构造要求。

2）承压板及过渡管宜由钢板和钢管制成，过渡钢管壁厚不宜小于 5mm。

（8）承压板和台座应符合下列规定：

1）居中隔离架应由钢、塑料或其他对杆体与注浆体无害的材料组成。

2）居中隔离架不得影响锚杆注浆体的自由流动。

3）居中隔离架的尺寸应满足预应力筋保护层厚度的要求。

（9）锚杆杆体保护套管材料应符合下列规定：

1）应具有足够的强度和柔韧性。

2）应具有防水性和化学稳定性，对预应力筋无腐蚀影响。

3）应具有耐腐蚀性，与锚杆浆体和防腐剂无不良反应。

4）应能抗紫外线引起的老化。

（10）注浆管应符合下列要求：

1）注浆管应有足够的内径，能使浆体压至钻孔的底部，一次注浆和充填灌浆用注浆管应能承受不小于 1MPa 的压力。

2）重复高压注浆管应能承受不小于 1.2 倍最大注浆压力。

3.5 常规工艺流程及质量控制要点

3.5.1 施工工艺流程

常规工艺流程如图 3.5-1 所示。

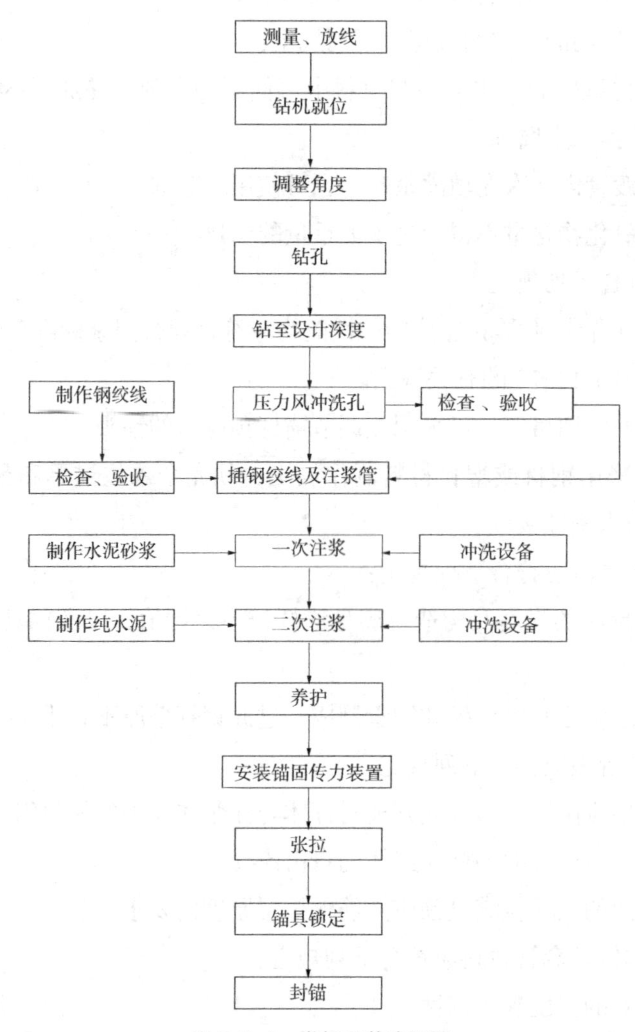

图 3.5-1 常规工艺流程图

3.5.2 施工准备

（1）岩土工程勘察报告、设计文件、图纸会审纪要、施工组织设计、施工方案等已备齐，锚杆工程施工前，应根据锚固工程的设计条件、现场地层条件和环境条件，编制出能确保安全及有利于环保的施工组织设计。

（2）锚杆施工作业区（作业面）障碍物处理完毕，满足施工要求，施工设施准备就绪。

（3）施工前应认真检查原材料和施工设备的主要技术性能是否符合设计要求。

（4）做好施工相关的水、电管线布置工作，确保进场后可以立即投入施工，施工现场内道路、基坑坡道应满足设备运输车辆和汽车吊的行驶要求，保证运输安全。

（5）在裂隙发育以及富含地下水的岩层中进行锚杆施工时，应对钻孔周边孔壁进行渗水试验。当向钻孔内注入 0.2 ~ 0.4MPa 压力水 10min 后，锚固段钻孔周边渗水率超过 0.01m/mm 时，则应采用固结注浆或其他方法处理。

（6）组装设备时应设立隔离区，专人指挥，非安装人员不得在组装区域内，严格按程序组装。

（7）安排材料进场，应按要求及时进行原材料检验和检测。

（8）开工前应对施工人员进行质量、安全技术教育，并完成技术交底。

3.5.3 施工工序要点

（1）设备就位：根据设计图纸要求，测量人员测定锚杆孔的孔位，打入标桩，注明锚孔编号。开钻前对钻机安装进行复测检查，钻机安装质量不仅影响钻孔质量，同时还会影响施工进度和人员安全，安装做到“正、平、稳、固”要求，确保钻机受力后不摇摆、不移位。钻机安装好后，进行全面质量检查，检查钻机方位、倾角、水平度和开孔钻头落点差。检查合格后再进行试车。

（2）钻孔：锚孔采用风动潜孔锤钻进施工，能有效避免冲刷坡体，施工速度快。

（3）钻孔时要保证位置正确（上下左右及角度），防止高低参差不齐和相互交错，钻进时要比设计深度多钻进 500mm，以防止孔深不够。

（4）锚杆钻孔应符合下列规定：

1）钻孔应按设计图所示位置、孔径、长度和方向进行，并应选择对钻孔周边地层扰动小的施工方法。

2）钻孔应保持直线和设定的方位。

3）向钻孔安放锚杆杆体前，应将孔内岩粉和土屑清洗干净，如图 3.5-2 所示。

图 3.5-2 锚杆钻孔

（5）在不稳定土层中，或地层受扰动导致水土流失会危及邻近建筑物或公用设施的稳定时，宜采用套管护壁钻孔。

（6）在土层中安设荷载分散型锚杆和可重复高压注浆型锚杆宜采用套管护壁钻孔。

（7）锚孔钻进技术参数根据所钻部位孔内地层情况确定：

1）钻压：钻进过程中，钻压保持平稳，不得随意增减压力；破碎岩石中则须降低钻压；完整基岩中采用高压力。

2）转数：正常钻进中，保持中等转数。松散土层及破碎岩石中采用低转数，完整基岩中钻进应适当提高转数。

3）风量：正常钻进时，在机械能力允许的前提下，尽可能加大风量，但风压不可太大，遇松散、易坍塌孔段时可适当减小风量及风压。

（8）钻进过程中，随时保证孔内排渣畅通，及时排出孔内岩渣，为防止钻进中排渣通道堵塞及卡钻，适当控制进尺速度。如遇排渣不畅时，停止钻进，采用来回活动的办法疏通排渣通道，确保钻进的顺利进行。

（9）锚杆制作：锚杆杆体采取现场制作（图 3.5-3），应由专人制作，严格按照设计图纸（图 3.5-4）及相关技术规范进行施工，接长应采用直螺纹对接，为使锚杆置于钻孔的中心，应在锚杆上每隔 1500mm 设置定位器一个，钻孔完毕后应立即安插锚杆以防塌孔。

图 3.5-3　锚杆制作

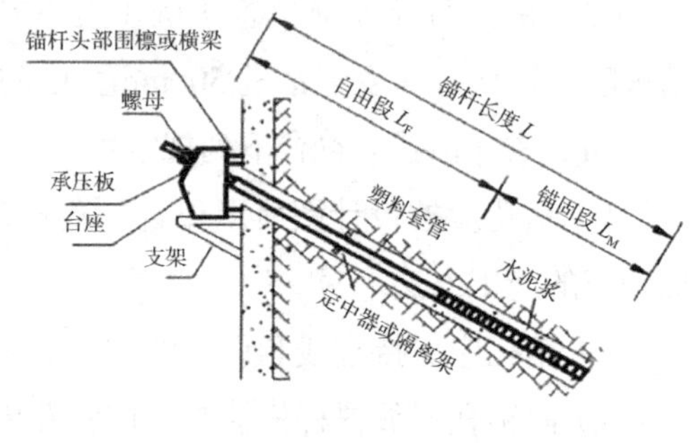

图 3.5-4　锚杆设计图

（10）组装前钢筋必须平直，并进行除油和除锈处理，杆体按防腐要求进行防腐处理。

（11）锚杆安放前，做好下列检查工作：

1）锚杆原材料型号、规格、品种，以及锚杆各部件质量和技术性能符合设计要求。

2）锚杆孔位、孔径、孔深及布置形式符合设计及规范要求。

（12）杆体的组装和保管应符合下列规定：

1）杆体组装宜在工厂或施工现场专门作业棚内的台架上进行。

2）杆体组装应按设计图所示的形状、尺寸和构造要求进行组装，居中隔离架的间距不宜大于2.0m，杆体自由段应设置隔离套管，杆体处露于结构物或岩土体表面的长度应满足地梁、腰梁、台座尺寸及张拉锁定的要求。

3）荷载分散型锚杆杆体结构组装时，应对各单元锚杆的外露端做明显的标记。

4）在杆体的组装、存放、搬运过程中，应防止筋体锈蚀、防护体系损伤、泥土或油渍的附着和过大的残余变形。

（13）安放杆体时，防止杆体扭压、弯曲，杆体放入角度与钻孔保持一致。锚杆安放时平顺缓缓推送，推送时，严禁上下左右抖动、来回扭转和串动，防止中途卡阻，造成安装失败。锚杆安放应一次完成，若中途遇阻或无法放下，拉出扫孔后再下，不可强行下入，杆体插入孔内深度不小于锚杆长度的95%，杆体安放后不可随意敲击，不得悬挂重物。

（14）杆体的安放应符合下列要求：

1）根据设计要求的杆体设计长度向钻孔内插入杆体。

2）杆体正确安放就位至注浆浆体硬化前，不得被晃动。

（15）注浆：注浆设备应具有1h内完成单根锚杆连续注浆的能力，对下倾的钻孔注浆时，注浆管应插入距孔底300～500mm处，对上倾的钻孔注浆时，应在孔口设置密封装置，并应将排气管内端设于孔底。

（16）浆液配制：注浆材料应根据设计要求确定，并不得对杆体产生不良影响，对锚杆孔的首次注浆，宜选用水灰比为0.5～0.55的纯水泥浆或灰砂比为1：0.5～1：1的水泥砂浆，对改善注浆料有特殊要求时，可加入一定量的外加剂或外掺料；注入水泥砂浆浆液中的砂子直径不应大于2mm；浆液应搅拌均匀，随搅随用，浆液应在初凝前用完。

（17）采用密封装置和袖阀管的可重复高压注浆型锚杆的注浆还应遵守下列规定：

1）重复注浆材料宜选用水灰比0.45～0.55的纯水泥浆。

2）对密封装置的注浆应待初次注浆孔口溢出浆液后进行，注浆压力不宜低于2.0MPa。

3）一次注浆结束后，应将注浆管、注浆枪和注浆套管清洗干净。

4）对锚固体的重复高压注浆应在初次注浆的水泥结石体强度达到5.0MPa后，分段依次由锚固段底端向前端实施，重复高压注浆的劈开压力不宜低于2.5MPa。

（18）锚杆的张拉和锁定应符合下列规定：

1）锚杆锚头处的锚固作业应使其满足锚杆预应力的要求。

2）锚杆张拉时注浆体与台座混凝土的抗压强度值不应小于表3.5-1的规定。

3）锚头台座的承压面应平整，并与锚杆轴线方向垂直。

4）锚杆张拉应有序进行，张拉顺序应防止邻近锚杆的相互影响。

5）张拉用的设备、仪表应事先进行标定。

6）锚杆进行正式张拉前，应取 0.1 ~ 0.2 的拉力设计值，对锚杆预张拉 1 ~ 2 次，使杆体完全平直，各部位的接触应紧密。

7）锚杆的张拉荷载与变形应做好记录。锚索张拉现场图和锚索张拉示意图分别如图 3.5-5、图 3.5-6 所示。

锚杆张拉时注浆体与台座混凝土的抗压强度值　　表 3.5-1

锚杆类型		抗压强度值（MPa）	
		注浆体	台座混凝土
土层锚杆	拉力型	15	20
	压力型及压力分散型	25	20
岩层锚杆	拉力型	25	25
	压力型及压力分散型	30	25

图 3.5-5　锚索张拉现场图

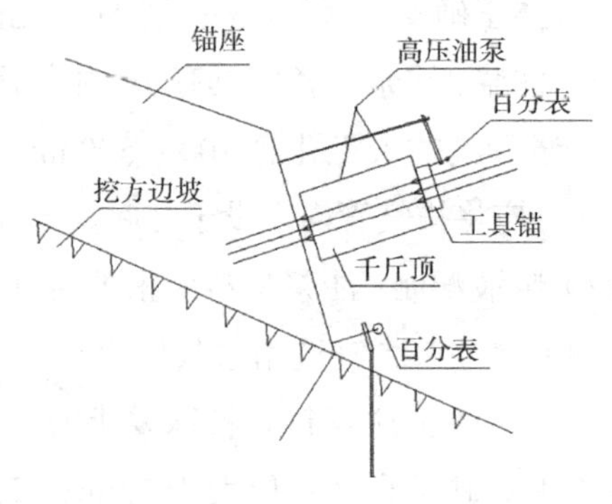

图 3.5-6　锚索张拉示意图

（19）锚杆应按现行国家标准《岩土锚杆与喷射混凝土支护工程技术规范》GB 50086 的验收试验规定，通过多循环或单循环验收试验后，应以 50 ~ 100kN/min 的速率加荷至锁定荷载值锁定。锁定时张拉荷载应考虑锚杆张拉作业时预应力筋内缩变形、自由段预应力筋的摩擦引起的预应力损失的影响。

3.5.4　质量控制要点

（1）原材料应符合以下规定：

1）锚杆相关原材料进场，按规定批次查验型式检验报告、出场检验报告或合格证等质量证明文件，外加剂产品应提供相关使用说明书。

2）原材料进场后，进行进场检验，合格后方可使用。

（2）锚杆施工全过程中，应认真做好锚杆的质量控制检验和试验工作。钻孔机具应根据土层情况和锚杆孔参数（深度、直径等）选取，可选用合适的地质钻机及专用锚杆钻机等，钻进方式应根据实际情况选用干钻、湿钻或风钻等，开孔于地下水位以下砂、砾层时应采用套管跟进钻进的成孔工艺。

（3）锚杆的位置、孔径、倾斜度、自由段长度和预加力，应符合现行团体标准《岩土锚杆（索）技术规程》CECS 22 第 11.2 条的有关规定，见表 3.6-1。

（4）钻孔前必须根据技术要求，核对孔号、孔深等技术参数，采用干钻，注意孔内异常情况。孔径、孔深必须经监理确认。

（5）灌浆前必须检查水泥强度等级是否与设计相符，拌合水泥须均匀，不得有沉淀，严格控制配合比，灌浆压力应满足要求，开工前必须对灌浆仪器仪表进行检查。

（6）注浆管应与锚杆体绑扎在一起，注浆管距孔底宜为 100 ~ 200mm，二次注浆管的出浆孔应进行开灌密封处理。

（7）注浆应满足现行团体标准《岩土锚杆（索）技术规程》CECS 22 第 8.4 条“注浆”的有关规定：注浆分两次进行，采用水泥砂浆灰砂比应为 1∶0.5 ~ 1∶1，宜采用纯水泥浆。一次注浆可在下锚前或下锚后进行，水灰比 0.45 ~ 0.5，低压灌满为止。二次注浆宜在一次注浆初凝后至终凝前进行，水灰比 0.45 ~ 0.5，压力不低于 2.0MPa。

（8）张拉：张拉所用的千斤顶、压力表用前必须标定或检验。荷载时间、级数、锁定值要有详细的记录。

（9）张拉与施加预应力锁定应符合以下规定：

1）当锚固段注浆固结体抗压强度大于 15MPa 或达到设计强度等级的 75% 后方可进行张拉。

2）张拉顺序应考虑邻近锚杆的相互影响，宜跳孔张拉。

3）张拉时，宜先采用 10% 设计拉力预张拉锚筋，后放松千斤顶并锁紧锚筋，然后重新张拉。

4）锚杆试验应符合现行国家标准《岩土锚杆与喷射混凝土支护工程技术规范》GB 50086 第 12.1 条“预应力锚杆试验”锚杆宜张拉至设计拉力的 1.05 ~ 1.10 倍，锚杆的最大试验荷载应取杆体极限抗拉强度标准值的 75% 或屈服强度标准值的 85% 中的较小值，然后再按设计要求的预应力锁定。

5）张拉锁定后应注意保护杆体的外露部分。

（10）锚杆外露端与梁的锁定：锁定必须平整到位、扣紧，检查封锚是否严实。

3.6 检验与验收

3.6.1 检验与检测

（1）原材料及产品质量检验应包括下列内容：

1）出厂合格证检查；

2）现场抽检试验报告检查；

3）锚杆浆体强度、喷射混凝土强度检验。

（2）锚杆工程的质量检验与验收标准应符合表 3.6-1 的规定。

锚杆工程的质量检验与验收标准　　表 3.6-1

项目	序目	检验项目		允许偏差或允许值	检查方法
主控项目	1	杆体长度（mm）		+100，-30	用钢尺量无损检测
	2	预应力锚杆承载力极限值（kN）		符合验收标准	现场试验
	3	预应力锚杆预加力（锁定荷载）变化（kN）		符合现行国家标准《岩土锚杆与喷射混凝土支护工程技术规范》GB 50086 表 13.5.1 的要求	测力计量测
	4	锚固结构物的变形		符合设计要求	现场测量
一般项目	1	锚杆位置（mm）		± 100	用钢尺量
	2	钻孔直径（mm）		± 10（设计直径> 60） ± 5（设计直径< 60）	用卡尺量
	3	钻孔倾斜度（mm）		2% 钻孔长	现场测量
	4	注浆量		不小于理论计算浆量	检查计量数据
	5	浆体强度		达到设计要求	试样送检
	6	杆体插入钻孔长度	预应力锚杆	不小于设计长度的 97%	用钢尺量
			非预应力锚杆	不小于设计长度的 98%	

3.6.2　工程质量验收

岩土锚固与喷射混凝土支护工程验收应符合现行国家标准《岩土锚杆与喷射混凝土支护工程技术规范》GB 50086 第 14.3 条的有关规定，应取得下列资料：

（1）工程勘察及工程设计文件；

（2）工程用原材料的质量合格证和质量鉴定文件；

（3）锚杆喷射混凝土工程施工记录；

（4）隐蔽工程检查验收记录；

（5）锚杆基本试验、验收试验记录及相关报告；

（6）喷射混凝土强度（包括喷射混凝土与岩体粘结强度）及厚度的检测记录与报告；

（7）设计变更报告；

（8）工程重大问题处理文件；

（9）监测设计、实施及监测记录与监测结果报告；

（10）竣工图。

3.7 质量通病防治

质量通病防治见表 3.7-1。

质量通病防治 表 3.7-1

质量通病	锚杆倾角小、锚固力差
形成原因	锚杆的承载力与土体的极限摩阻力有关，一般情况下，上层土质较下层土质差，在同样锚固长度情况下，倾角小时，锚固体深入较好，土体长度小，不同土质的极限摩阻力差别很大
防治方法	（1）正式施工锚杆前必须做锚杆基本试验，得出倾角、锚固长度关系，提供设计研究决定； （2）倾角必须适宜，按规范规定：倾角为 15° ～25° ，不大于 45° ，选择合适角度及合适极限承载力是必要的
相关图片或示意图	
质量通病	锚具夹片滑脱，失去锚固作用
形成原因	（1）检验发现锚具、夹片等夹片硬度不足或不符合规范规定； （2）当锚杆受力时，夹片对钢绞线因硬度不足而滑脱，预应力锚固后经不起受力而滑脱
防治方法	（1）夹片应采用表面渗碳工艺，提高硬度，使硬度 *HRC*=50° ～55° ； （2）锚杆施工完后应重新检查锚头有无松动、脱落，必要时重新将锚头张拉一下； （3）工厂交付锚具、夹片时应做详细检查验收，施工单位对锚具质量应切实负起责任
质量通病	注浆不饱满
形成原因	（1）注浆机设备存在问题； （2）浆液配制未严格按照要求水灰比进行配制； （3）二次注浆压力及水灰比未控制到位
防治方法	（1）施工前和施工中及时检查各类设备的工作状态及性能； （2）按照规范及设计要求严格进行浆液的配制； （3）一次注浆低压灌满为止。二次注浆宜在一次注浆初凝后至终凝前进行，水灰比 0.5 ~ 0.65，压力宜控制在 2.0 ~ 3.0MPa
质量通病	锚杆锚固长度不够
形成原因	（1）锚杆加工长度不够； （2）钻孔孔深不足，存在塌孔； （3）未在安装前对钻孔深度和下料长度尺寸进行验证
防治方法	（1）加强施工过程质量控制，在锚杆安装前，对钻孔深度和锚杆下料尺寸进行验收； （2）在锚杆安装过程中，由质检员严格控制注浆质量及锚杆插入长度（控制外露长度）； （3）严格按照设计及规范要求钻至足够深度，制作满足相关要求的锚杆杆体及注浆管

第4章　钢板桩

4.1　基本介绍及适用范围

（1）拉森钢板桩（英文 Lasson Steel Sheet Pile 或 Lasson Steel Sheet Piling）又叫 U 形钢板桩（以下统称 U 形钢板桩），属于热轧钢板桩，是一种边缘带有联动装置，且这种联动装置可以自由组合以便形成一种连续紧密的挡土或者挡水墙的钢结构体。

（2）U 形钢板桩可以根据需要连接成所需支护形状的竖直支护体或隔离体，是利用锤击、液压、静压等方式对钢板桩施加动能，使其扰动土体，破坏其与钢板桩之间的摩擦阻力从而将钢板桩压入地层中。

（3）U 形钢板桩适用于黏性土、粉土、砂土、淤泥、卵石和素填土等地层的基坑支护、城市综合管廊项目、围堰、河道分洪及控制、堤防护岸、隧道切口及掩体、边坡临时支护等，具有较好的整体结构稳定性及止水效果。

（4）由打入土中的钢板桩通过边缘自带的联动装置，自由组合以形成一种连续紧密的挡土或挡水的钢结构墙体。钢板桩适用于柔软地基及地下水位较高的基坑，施工简便，其优点是止水性能好，可以重复使用。板桩长度一般规格为 6m、9m、12m、15m。

4.2　主要规范标准文件

（1）《建筑基坑支护技术规程》JGJ 120；

（2）《建筑深基坑工程施工安全技术规范》JGJ 311；

（3）《建筑边坡工程技术规范》GB 50330；

（4）《建筑基坑支护结构构造》11SG814；

（5）《热轧钢板桩》GB/T 20933；

（6）《钢筋焊接及验收规程》JGJ 18；

（7）《建筑边坡工程鉴定与加固技术规范》GB 50843；

（8）《建筑机械使用安全技术规程》JGJ 33；

（9）《建筑现场临时用电安全技术规范》JGJ 46；

（10）《建设工程质量管理条例》；

（11）《建设工程安全生产管理条例》；

（12）其他现行相关规范标准、文件等。

4.3 设备及参数

钢板桩沉桩机械设备种类繁多且应用均较为广泛，沉桩机械及工艺的确定受钢板桩特性、地质条件、场地条件、桩锤能量、锤击数、锤击应力、是否需要拔桩等因素影响，在施工中需要综合考虑上述多种因素选择沉桩机械。沉桩机械主要有冲击式沉桩机械、振动沉桩机械、静力沉桩机械等，各种沉桩机械的适用情况，选型时宜参考表 4.3-1，现市场上最为常用的沉桩机械是液压振动打桩机、静力压桩机。液压振动打桩机、振动锤头结构及外形尺寸如图 4.3-1、图 4.3-2 所示，液压振动打桩机性能规格见表 4.3-2，静力压桩机作业示意图、动力单元及压桩机分别如图 4.3-3、图 4.3-4 所示。常用液压静力压桩机主要技术参数参考表 4.3-3。

各类沉桩机械的适用情况表　　表 4.3-1

机械类别		冲击式打桩机械			振动锤	压桩机
		柴油锤	蒸汽锤	落锤		
钢板桩型	型式	除小型板	除小型板	所有型式板	所有型式板	除小型板
	长度	任意长度	任意长度	适宜短桩	长桩不适合	任意长度
地层条件	软弱粉土	不适	不适	合适	合适	可以
	粉土、黏土	合适	合适	合适	合适	合适
	砂层	合适	合适	不适	可以	可以
	硬土层	可以	可以	不可以	不可以	不适
施工条件	辅助设备	规模大	规模大	简单	简单	规模大
	发音	高	较高	高	小	几乎没有
	振动	大	大	小	大	无
	贯入能量	大	一般	小	一般	一般
	施工速度	快	快	慢	一般	一般
费用		高	高	便宜	一般	高
规模		大工程	大工程	简易工程	大工程	大工程
其他	优点	燃料费用低、操作简单	打击时可调整	故障少，改变落距可调整锤击力	打拔都可以	打拔都可以
	缺点	软土启动难、油雾飞溅	烟雾较多	容易偏心锤击	瞬时电流较大或需要专门液压装置	主要适用于直线段

图 4.3-1　液压振动打桩机

■结构示意图

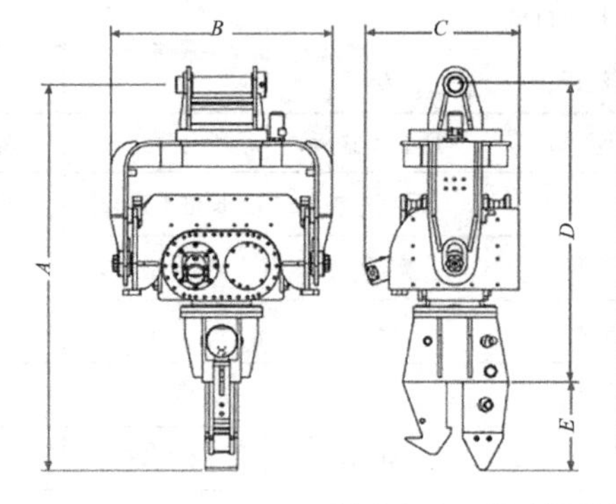

■外型尺寸（mm）

	V-250C/V-300	V-350	V-400
A	2150	2250	2400
B	1310	1400	1500
C	880	980	980
D	1680	1780	1900
E	500	500	500

图 4.3-2　振动锤头结构及外形尺寸

液压振动打桩机性能规格　　表 4.3-2

项目	V-250C	V-300	V-350	V-400
偏心力矩（N·m）	40	50	65	85
振频（rpm）	2800	2800	2800	2800
激振力（t）	36	45	58	75
液压系统操作压力	280 bar	280 bar	300 bar	300 bar
液压系统流量需求	155 LPM	168 LPM	210 LPM	255 LPM
主机重量（kg）	1450	1550	1650	1800
适用挖掘机重量（t）	20 ~ 24	24 ~ 32	30 ~ 40	40 ~ 45
夹嘴重量（kg）	C12：300kg C11B：360kg C30：350kg			
副手臂重量（kg）	A150：450kg A200：550kg A250：600kg A300：750kg A350：900kg			

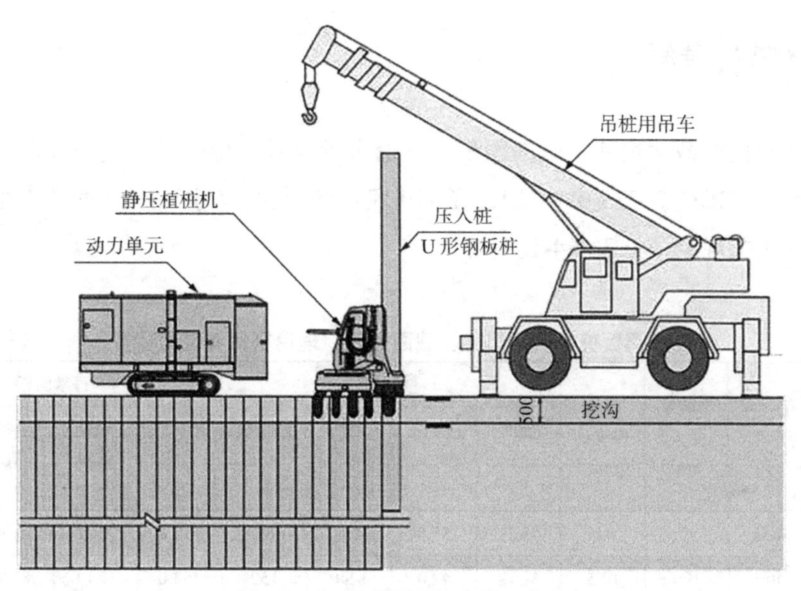

图 4.3-3　静力压桩机作业示意图

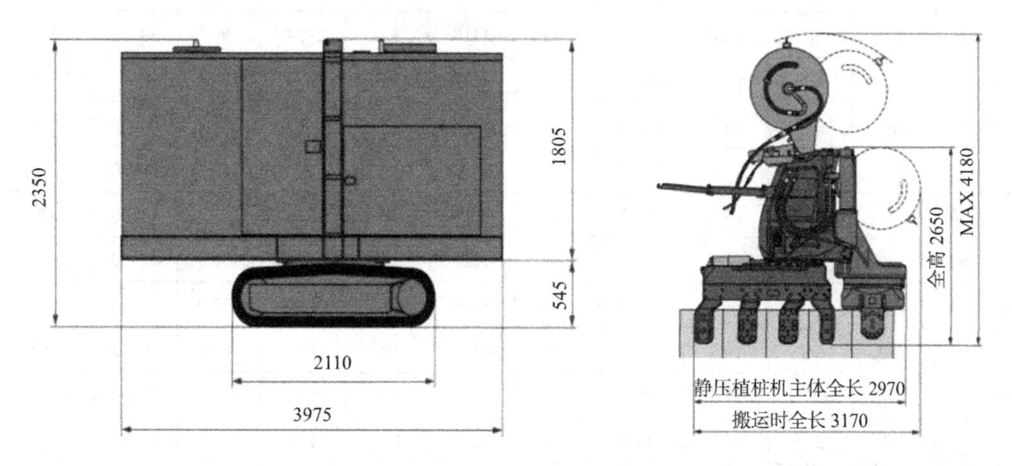

图 4.3-4　动力单元及压桩机

常用液压静力压桩机主要技术参数表　　表 4.3-3

型号	SA75	SA100	SW100	SW150	GPII150	STP30
压入力（kN）	750	1000	1000	1500	1500	300
拔出力（kN）	800	1100	1100	1600	1600	350
压入速度（m/min）	5.0 ~ 16.7	1.5 ~ 35.2	1.5 ~ 35.2	2.2 ~ 19.2	1.4 ~ 22.7	2.0 ~ 16.4
拔出速度（m/min）	5.3 ~ 14.1	3.2 ~ 27.5	3.2 ~ 27.5	2.6 ~ 16.1	2.2 ~ 17.6	2.3 ~ 14.9
动力（kW）	96	147	147	147	147	32
适用钢板桩	ⅠA ~ ⅣA	ⅠA ~ ⅣA	ⅡW ~ ⅣW	ⅡW ~ ⅣW	ⅤL ~ ⅦL	轻型
钢板桩宽度	400mm	400mm	600mm	600mm	500mm	333mm

4.4 材料及参数

（1）钢板桩的截面尺寸、截面面积、理论重量及截面特性参数应符合现行国家标准《热轧钢板桩》GB/T 20933 中第 5.1.2 条 U 形钢板桩截面尺寸、截面面积、理论重量及截面特性的相关规定，见表 4.4-1。

U 形钢板桩的截面尺寸、截面面积、理论重量及截面特性　　表 4.4-1

型号（宽度×高度）(mm)	有效宽度 W_1（mm）	有效宽度 H_1（mm）	腹板厚度 T（mm）	单根材				每米面板			
				截面面积（cm^2）	理论重量（kg/m）	惯性矩 I_X（cm^4）	截面模量 W_X（cm^3）	截面面积（cm^2）	理论重量（kg/m）	惯性矩 I_X（cm^4）	截面模量 W_X（cm^3）
400×85	400	85	8.0	45.21	35.5	598	88	113.0	88.7	4500	529
400×100	400	100	10.5	61.18	48.0	1240	152	153.0	120.1	8740	874
400×125	400	125	13.0	76.42	60.0	2220	223	191.0	149.9	16800	1340
400×150	400	150	13.1	74.40	58.4	2790	250	186.0	146.0	22800	1520
400×160	400	160	16.0	96.9	76.1	4110	334	242.0	190.0	34400	2150
400×170	400	170	15.5	96.99	76.1	4670	362	242.5	190.4	38600	2270
500×200	500	200	24.3	133.8	105.0	7960	520	267.6	210.1	63000	3150
500×225	500	225	27.6	153.0	120.1	11400	680	306.0	240.2	86000	3820
600×130	600	130	10.3	78.70	61.8	2110	203	131.2	103.0	13000	1000
600×180	600	180	13.4	103.9	81.6	5220	376	173.2	136.0	32400	1800
600×210	600	210	18.0	135.3	106.2	8630	539	225.5	177.0	56700	2700
750×205	750	204	10.0	99.2	77.9	6590	456	132	103.8	28710	1410
	750	205.5	11.5	109.9	86.3	7110	481	147	115.0	32850	1600
	750	206	12.0	113.4	89.0	7270	488	151	118.7	34270	1665
750×220	750	220.5	10.5	112.7	88.5	8760	554	150	118.0	39300	1780
	750	222	12.0	123.4	96.9	9380	579	165	129.2	44440	2000
	750	222.5	12.5	127.0	99.7	9580	588	169	132.9	46180	2075
750×225	750	223.5	13.0	130.1	102.1	9830	579	173	136.1	50700	2270
	750	225	14.5	140.6	110.4	10390	601	188	147.2	56240	2500
	750	225.5	15.0	144.2	113.2	10580	608	192	150.9	58140	2580

（2）U 形钢板桩尺寸、外形的允许偏差应符合现行国家标准《热轧钢板桩》GB/T 20933 中第 5.2 条规定，详见表 4.4-2，U 形钢板桩形状示意图及实物图如图 4.4-1、图 4.4-2 所示。

U 形钢板桩尺寸、外形的允许偏差　　表 4.4-2

项目		允许偏差
有效宽度	$W_1 \leqslant 500$	$+2.0\%W_1$，$-1.5\%W_1$
	$W_1 > 500$	$+2.0\%W_1$，$-1.0\%W_1$
有效高度 H_1		± 4%
腹板厚度 t	＜ 10	± 1.0%
	10 ~ 16	± 1.2%
	⩾ 16	± 1.5%
长度 L		+200
侧弯	⩽ 10	$\leqslant 0.12\%L$
	＞ 10	$\leqslant 0.10\%L+2$
翘曲	⩽ 10	$\leqslant 0.25\%L$
	＞ 10	$\leqslant 0.20\%L+5$
端面斜度		$\leqslant 4\%W_1$

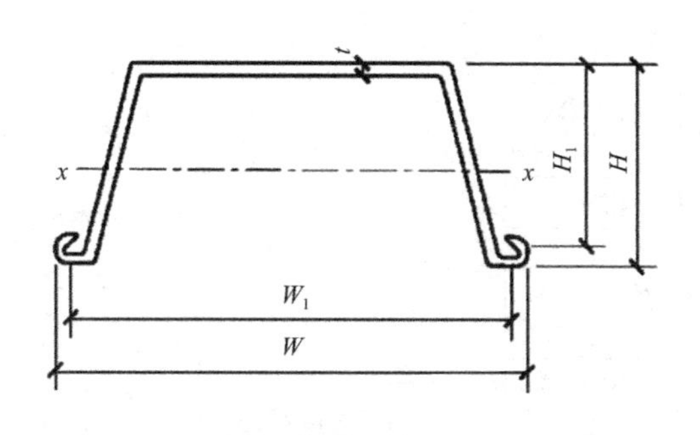

图 4.4-1　U 形钢板桩形状示意图

图 4.4-2　U 形钢板桩实物图

（3）U 形钢板桩可采用小锁口和大锁口两种接口做法，做法应符合《建筑基坑支护结构构造》11SG814 第 45 页的要求，详细锁口做法如图 4.4-3、图 4.4-4 所示。钢板桩实物图如图 4.4-5 所示。

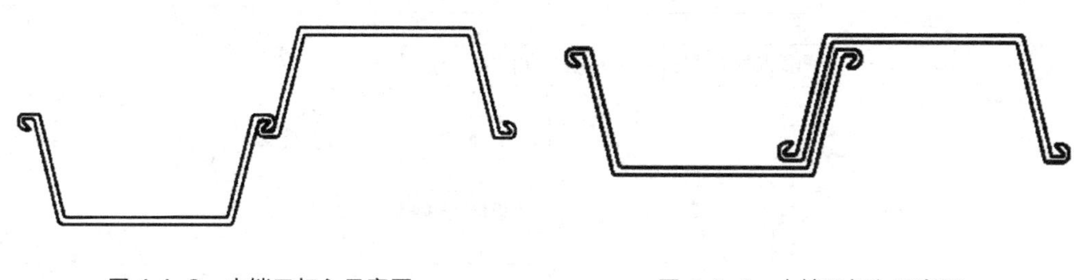

图 4.4-3　小锁口打入示意图　　图 4.4-4　大锁口打入示意图

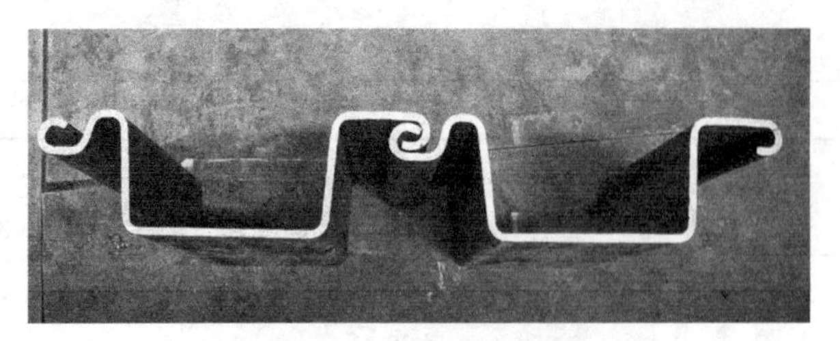

图 4.4-5　钢板桩实物图

4.5　常规工艺流程及质量控制要点

4.5.1　常规工艺流程

测量放线→沟槽开挖→安装导向架→桩机就位→吊桩、沉桩→检查验收→移机→焊接锁口（如有）→导向架拆除→内支撑安装（如有）→土方开挖→内支撑拆除→土方回填→拔除钢板桩→桩孔处理。

常规工艺流程图如图 4.5-1 所示。

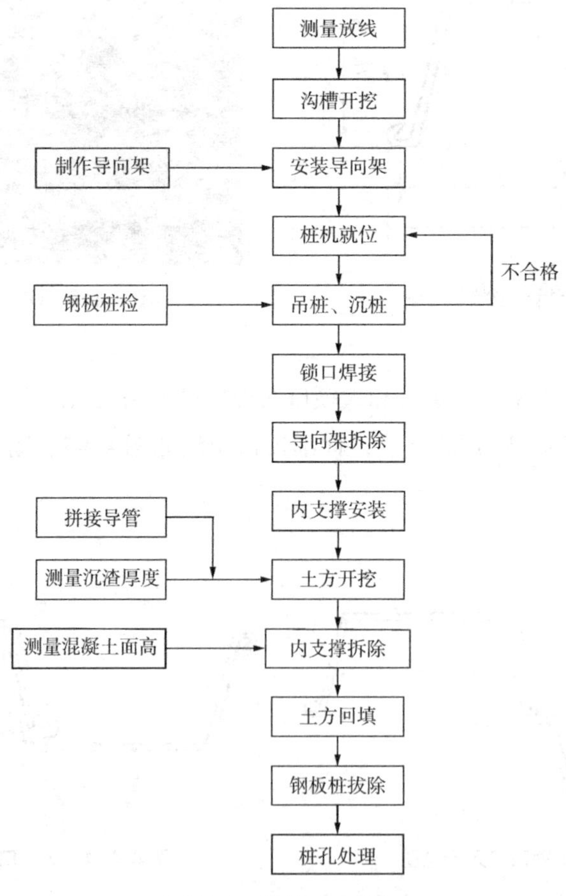

图 4.5-1　常规工艺流程图

4.5.2 施工准备

（1）岩土工程勘察报告、设计文件、图纸会审、会议纪要、施工组织设计等资料均已齐全。

（2）地上、地下障碍物处理完毕，施工场地达到“三通一平”，现场已设置测量基准线、水准基点，并加以保护，施工前已复核桩位。

（3）施工前应对整套施工设备检查，保证设备状态良好。

（4）组装设备时应设立隔离区，专人指挥，非安装人员不得在组装区域内，严格按程序组装。

（5）安排材料进场，应按要求及时进行原材料检验和检测。

（6）开工前应对施工人员进行质量、安全技术教育，并完成技术交底。

4.5.3 施工工序要点

（1）放线定位：按设计图纸要求，根据已布设好的控制点坐标，将桩位附近场地整平后，测设桩位轴线、定桩位点，并做好标记，用水准仪测量地面高程，控制桩顶标高。

（2）沟槽开挖：根据桩位轴线开挖沟槽，槽的宽度及深度根据实际情况而定，便于钢板桩定位和施工，开挖的土方不得堆在沟槽附近，以免影响沉桩。

（3）导向架制作：导向架一般由型钢组成，如H型钢、工字钢、槽钢等，围檩可以单层双面形式，导桩的间距一般为2.5~3.5m，导梁之间的间距不宜过大，一般略比板桩墙厚度大8~15mm。

（4）导向架安装：在开挖的沟槽内按照定位桩排桩方向安置导向架。一般下层导梁可设在离地约500mm处，两根导梁之间的净距应比板桩宽度宽8~10mm。导桩入土深度一般为6~8m，间距2~3m。

（5）桩机就位：对施工场地进行整平，整平符合施工要求，桩机就位。

（6）吊桩、沉桩

采用吊车将钢板桩吊至沉桩点处进行沉桩，沉桩时锁口要对准，在沉桩过程中，为保证钢板桩的垂直度，用两台经纬仪在两个方向加以控制。为防止锁口中心线平面位移，同时在导梁上预先计算出每一块板桩的位置，以便随时检查校正。

开始沉桩的第一、第二块钢板桩位置和方向要确保精度，它可以起样板导向的作用，一般每沉入1m就应测量一次垂直度。

（7）钢板桩锁口焊接（如有）

沉桩完成后将新完成钢板桩锁口与前一根钢板桩锁口焊接，前后钢板形成整体，提高整体结构稳定性。

（8）土方开挖及内支撑安拆（如有）：钢板桩沉桩后，土方向下开挖0.5m，安装第一道内支撑，土方分层开挖，每层不得超过 2m。土方随挖随运，回填土存放在现场开挖段，多余土方外运。各阶段开挖时应在支撑位置向下多开挖 50cm，利于内支撑施工，开挖到各道支撑位置后应及时安装。

（9）内支撑拆除（如有）及土方回填

基础结构施工完成后从下到上分层拆除内支撑，每拆除一道内支撑后进行土方回填，严禁将所有内支撑拆除后才回填土方。

（10）钢板桩拔除

基坑回填后，拔除钢板桩，以便重复使用。

（11）钢板桩孔处理

对钢板桩拔除后留下的桩孔，及时回填处理，钢板被拔出桩孔后，剩余的空隙应及时注浆填充。

4.5.4 质量控制要点

1. 材料检验

（1）各种原材料、半成品严格按质量要求进行采购。

（2）钢板桩送到现场后，应及时检查、分类、编号，钢板桩锁口应以一块长 1.5 ~ 2.0m 标准钢板桩进行滑动检查，凡锁口不合应进行修正，合格后方能使用。

（3）严禁使用不合格材料，钢板桩的等级、规格应符合设计要求，重视外观质量检查。

（4）钢板桩在堆放、吊运过程中，应严格按有关规定执行，发现桩身弯曲等超过有关验收规定时不得使用。

（5）后续桩与先沉桩间的钢板桩锁口使用前应通过套锁检查。

2. 测量放线

（1）根据建筑物定位轴线，由专职测量人员按桩位平面图准确无误地将桩位放样到现场。现场桩位放样采用插木制短棍加白灰点作为桩位标识。

（2）桩位放样允许误差：20mm。

（3）桩位放样后经自检无误，并按要求填写《桩平面放线记录》和《施工测量放线报验表》。

3. 导向架安装

（1）钢板桩打设前宜沿桩位两侧设置导向架。

（2）采用经纬仪和水平仪控制和调整导向架的位置。

（3）导向架的高度要适宜，要有利于控制钢板桩的施工高度和提高施工工效。

（4）导向架不得出现随着钢板桩的打设深入而产生下沉和变形等情况。

（5）导向架的位置应尽量垂直，并不得与钢板桩产生碰撞。

导向架示意图如图 4.5-2 所示。

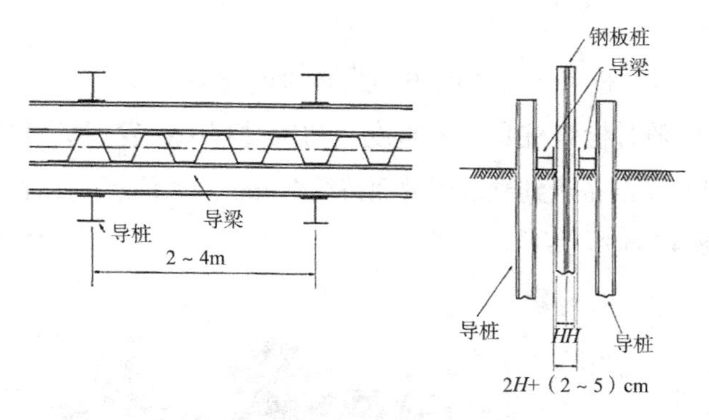

图 4.5-2 导向架示意图

H—钢板桩截面高度

4. 沉桩

（1）振动沉桩

1）振动锤振动频率大于钢桩的自振频率，振桩前，振动锤的桩夹应夹紧钢桩上端，并使振动锤与钢桩重心在同一直线上。

2）振动锤夹紧钢桩吊起，使钢板桩锁口插入相邻桩锁口内，待桩稳定、位置正确并垂直后，再振动下沉。钢桩每下沉 1m 左右，停振检测桩的垂直度，发现偏差，及时纠正。

3）在振动插入土层时，如遇有地下杂物及小石砂块，导致难以沉桩时，可将板桩振动起拔再重复沉桩直至沉桩到设计标高为止，沉桩过程中，吊钩下降速度应注意控制，维持沉桩悬吊状态下沉，以保证桩的垂直。

4）在土方开挖过程中，随时观察钢板桩的变化情况，若有明显的倾覆或隆起状态，立即在倾覆或隆起的部位增加对称支撑。

振动沉桩、测量桩身垂直度分别如图 4.5-3、图 4.5-4 所示。

图 4.5-3 振动沉桩

图 4.5-4 测量桩身垂直度

（2）静力压桩

1）压桩机压桩时，桩夹与桩身的中心线必须重合。

2）压桩过程中随时检查桩身的垂直度，初压过程中，发现桩身位移、倾斜和压入过程中桩身突然倾斜及设备达到额定压力而持续 20min，仍不能下沉时，应及时采取措施。

静力压桩如图 4.5-5 所示。

图 4.5-5 静力压桩

（3）质量偏差

1）插桩后，应及时校正桩的垂直度。桩入土 3m 以上时，严禁用沉桩机行走或回转动作来纠正桩的垂直度。

2）桩的垂直度控制在 1% 以内。

3）桩顶标高控制在 ±50mm 以内。

4）沉桩要连续，不允许出现不连续现象。

（4）钢板桩拼接

1）在拼接钢板桩时，两端钢板桩要对正顶紧夹持于牢固的夹具内施焊，要求两钢板桩端头间缝隙不大于 3mm，断面上的错位不大于 2mm。

2）对组拼的钢板桩两端要平齐，误差不大于 3mm，钢板桩组上下一致，误差不大于 30mm，全部的锁口均要涂防水混合材料，使锁口嵌缝严密。

3）在使用拼接接长的钢板桩时，钢板桩的拼接接头不能在支护的同一断面上，而且相邻桩的接头上下错开至少 2m，所以，在组拼钢板桩时要预先配桩，在运输、存放时，按植桩顺序堆码，植桩时按规定的顺序吊桩。

5. 锁口焊接（如有）

焊接锁口两侧 20mm 区域内的氧化皮、脏物、油污等全部清理干净直至见到金属光泽方能施焊，施焊过程中严禁使用潮湿的焊条，焊工根据施工工艺选择正确的焊条、焊流，焊接过程中应注意起弧和收弧质量，控制焊接速度不要太快。锁口焊接如图 4.5-6 所示。

图 4.5-6 锁口焊接

6. 钢板桩拔除

（1）拔桩起点和顺序：对封闭式钢板桩墙，拔桩起点应离开角桩 5 根以上。可根据沉桩时的情况确定拔桩起点，必要时也可用跳拔的方法。拔桩的顺序最好与打桩时相反。

（2）作业时地面荷载较大，必要时要在拔桩设备下放置路基箱或垫木，确保设备不发生倾斜。

（3）作业范围内的高压电线或重要管道要注意观察与保护。

（4）板桩拔出时会形成孔隙，须及时填充，否则极易造成邻近建筑或地表沉降。

4.6 检验与验收

4.6.1 一般规定

（1）钢板桩的规格、材质及排列方式应符合设计或施工工艺要求。钢板桩堆放场地应平整坚实，组合钢板桩堆高不宜超过 3 层。

（2）钢板桩打入前应进行验收，桩体不应弯曲，锁口不应有缺损和变形。后续桩与先沉桩间的钢板桩锁口使用前应通过套锁检查。

（3）桩身接头同一截面内不应超过 50%，接头焊缝质量不低于Ⅱ级焊缝要求。

4.6.2 检验与检测

（1）施工前应校验桩位，桩位偏差应符合现行国家标准《建筑地基基础工程施工质量验收标准》GB 50202 的规定。

（2）钢板桩均应在工厂成品施工前进行检验：使用合格的钢板桩，应有产品合格证等相关证明资料，新钢板桩符合现行国家标准《热轧钢板桩》GB/T 20933 的要求，重复使用的钢板桩检验标准应符合现行国家标准《建筑地基基础工程施工质量验收标准》GB 50202 中第 7.2.2 条的规定，详见表 4.6-1。

重复使用的钢板桩检验标准　　表 4.6-1

序号	检查项目	允许偏差或允许值		检查方法
		单位	数值	
1	垂直度	%	＜1	用钢尺量
2	桩身弯曲度	mm	＜2%l	用钢尺量，l 为桩长
3	齿槽平直度及光滑度	无电焊渣或毛刺		用 1m 长的桩段做通过试验
4	桩长度	不小于设计长度		用钢尺量

（3）施工过程中应进行检验：对已施工的钢板桩垂直度、桩身弯曲度、长度进行检验。钢板桩挡墙允许偏差应符合现行国家标准《建筑地基基础工程施工规范》GB 51004 第 6.3.9 条的要求，详见表 4.6-2。

钢板桩挡墙允许偏差　　表 4.6-2

序号	检查项目	允许偏差或允许值	检查数量		检查方法
			范围	点数	
1	轴线位置（mm）	100	每 10m（连续）	1	经纬仪及尺量
2	桩顶标高（mm）	± 100	每 20 根	1	水准仪
3	桩长（mm）	± 100	每 20 根	1	尺量
4	桩垂直度	1/100	每 20 根	1	线锤及直尺

4.7 质量通病防治

质量通病防治见表 4.7-1。

质量通病防治　　表 4.7-1

质量通病	桩身垂直度及桩位偏差
形成原因	（1）钢板桩咬合处产生扭转力，导致钢板桩向桩墙的定位轴线倾斜； （2）入土越深，作用于钢板桩的土压力就越大，桩顶受力较大，容易使钢板桩墙向其定位轴线前倾
防治方法	（1）导向架的定位及安装位置准确，并在导向梁上标注好钢板桩位置； （2）开始打设的第一、第二块钢板桩的打入位置和方向要确保精度，每打入 1m 就应测量一次桩身垂直度； （3）如采用单桩打入法，应将沉桩方法改为屏风式打入法
相关图片或示意图	

续表

质量通病	钢板桩共连，沉桩时和已打入的邻桩跟着一起下沉
形成原因	遇到不明障碍物或钢板桩倾斜等，钢板桩槽口阻力增加，沉桩时和已打入的邻桩跟着一起下沉
防治方法	（1）钢板桩不要一次压到设计标高，留一部分在地面，待全部钢板桩入土后，用屏风法把余下部分压入土中； （2）把相邻钢板桩焊牢在围檩上或数根钢板桩用型钢、夹具连接固定； （3）在连接锁口上涂以黄油等油脂，减少阻力
相关图片或示意图	
质量通病	锁扣渗水、漏水
形成原因	（1）钢板桩旧桩较多，使用前未进行校正修理或检修不彻底，锁水处咬合不好，以致接缝处易漏水； （2）转角处为实现封闭合拢，应有特殊形式的转角桩，这种转角桩要经过切断焊接工序，可能会产生变形； （3）钢板桩的垂直度不符合要求，或者压入钢板桩时，两块板桩的锁口不严密，不符合要求
防治方法	（1）旧钢板桩在打设前需进行矫正。矫正要在平台上进行，对弯曲变形的钢板桩可用油压千斤顶顶压或火烘等方法矫正； （2）做好围檩支架，以保证钢板桩垂直打入，和打入后的钢板桩墙面平直。防止钢板桩锁口中心线位移，可在沉桩行进方向的钢板桩锁口处设卡板，阻止板桩位移； （3）由于钢板桩打入时倾斜，且钢板桩锁口结合处有空隙，封闭合拢比较困难，解决的办法一是用异型板桩，二是采用轴线封闭法
相关图片或示意图	
质量通病	钢板桩顶侧倾，坑底土隆起，地面裂缝下沉
形成原因	（1）钢板桩施工在软土地区，设计的嵌固深度不够，因而桩后地面下沉，坑底土隆起是管涌的表现； （2）挖土作业时由于挖土机及运土车在钢板桩侧，增加了土的地面荷载，导致桩顶侧移
防治方法	（1）钢板桩嵌固深度必须计算确定，满足现行行业标准《建筑基坑支护技术规程》JGJ 120的规定； （2）挖土机及运土车在基坑边作业，应将该项荷载计入设计中，以增加桩的嵌固深度，或增加内支撑的数量
相关图片或示意图	

第5章　地下连续墙

5.1　基本介绍及适用范围

5.1.1　基本介绍

地下连续墙施工工艺近年应用广泛，它是建造深基础工程和地下构筑物的一项新技术。该工艺主要采用一种挖槽机械，在泥浆护壁的条件下，开挖出一条狭长的深槽，清槽后在槽内吊放安装钢筋笼，紧接着用导管灌注水下混凝土，筑成一个单元槽段，如此逐段进行，以特殊接头方式，在地下筑成一道连续的钢筋混凝土墙壁，作为挡土、截水、防渗、承重结构。

5.1.2　适用范围

（1）处于软弱地基的深大基坑，周围又有密集的建筑群或重要地下管线，对周围地面沉降和建筑物沉降要求须严格限制。

（2）围护结构亦作为主体结构的一部分，且对抗渗有较严格要求。

（3）采用逆作法施工，地上和地下同步施工。

5.2　主要规范标准文件

（1）《混凝土结构设计规范》GB 50010；

（2）《钢结构设计标准》GB 50017；

（3）《建筑基坑支护技术规程》JGJ 120；

（4）《建筑地基基础工程施工质量验收标准》GB 50202；

（5）《混凝土结构工程施工质量验收规范》GB 50204；

（6）《地基基础设计标准》DGJ 08-11；

（7）《建筑桩基技术规范》JGJ 94；

（8）《广西建筑地基基础设计规范》DBJ 45/003；

（9）《地下连续墙施工技术规程》DBJ/T 45-048；

（10）《地下连续墙检测技术规程》DBJ/T 45-023；

（11）《地下工程防水技术规范》GB 50108；

（12）《地下防水工程质量验收规范》GB 50208；
（13）《地基处理技术规范》DG/TJ 08-40；
（14）《钢筋机械连接技术规程》JGJ 107；
（15）《型钢水泥土搅拌墙技术规程》JGJ/T 199；
（16）《建筑施工扣件式钢管脚手架安全技术规范》JGJ 130；
（17）《钢结构工程施工质量验收标准》GB 50205。

5.3 设备及参数

地下连续墙施工相关设备参数表见表5.3-1。

设备及参数表 表5.3-1

序号	名称	单位	用途
1	全站仪	台	测量放样
2	水准仪	台	
3	液压挖掘机	台	平整、装卸土方
4	空气压缩机	台	破碎障碍物
5	斗式装载机	台	土方内驳
6	自卸卡车	台	
7	插入式振动器	台	泥浆系统平台
8	平板式振动器	台	
9	冲 拌 箱	只	
10	双轴拌浆机	套	泥浆系统设备
11	泥 浆 泵	只	
12	泥浆取样绞车	台	泥浆测试器具
13	泥浆测试仪器	套	
14	磅 秤	台	
15	吸引胶管	根	泥浆输送管路
16	槽壁机	台	地下墙成槽
17	履带吊	台	钢筋笼吊装
18	超声波测壁器	套	垂直度检测
19	空气压缩机	台	清底换浆
20	钢筋切断机	台	
21	钢筋成型机	台	地下连续墙钢筋笼制作和结构钢筋配料等
22	套丝机	台	
23	直流电焊机	台	
24	混凝土导管	套	—

5.4 材料及参数

（1）宜采用和易性好、泌水性较小的预拌混凝土，其强度等级等参数应符合设计要求，并应符合现行国家标准《混凝土质量控制标准》GB 50164 中第 3 章相关规定。

（2）粗骨料宜选用粒径为 5 ~ 30mm 的碎石或级配良好的卵石，最大粒径不大于钢筋净间距的 1/3。

（3）采用的钢筋品种、规格必须符合设计要求，应有产品质量说明书和产品合格证，质量符合相关标准要求，并应有性能检验报告。

（4）选用混凝土外加剂时，应有产品质量说明书和产品合格证，质量符合相关标准要求，并应有添加该外加剂的混凝土性能检验报告，掺量和种类根据施工季节通过配合比试验确定。

5.5 常规工艺流程及质量控制要点

5.5.1 施工工艺流程

常规工艺流程如图 5.5-1 所示。

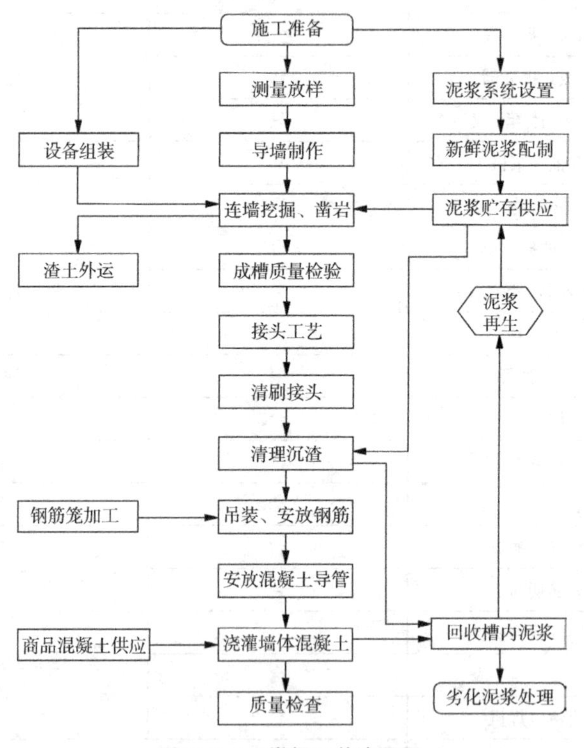

图 5.5-1 常规工艺流程图

5.5.2 施工准备

1. 施工组织设计

在施工之前，应根据现有的施工场地水文、地质以及相关调查，编写施工组织设计，其应包括以下内容：

（1）工程概况、地质情况、设计要求、现场施工环境及预计工期；

（2）平面规划，选定的施工设备及有关的供应计划；

（3）泥浆配方设计及管理措施；

（4）导墙的施工设计；

（5）单元槽段作业计划；

（6）墙体和结构接头的施工样图；

（7）钢筋笼制作样图，钢筋笼的加工、运输及吊放工作；

（8）混凝土配合比、供应及灌注方法；

（9）技术培训、质量保证及安全节约的技术措施等。

2. 场地准备

（1）按照平面规划，进行相应的水、电移交及管道线路布设，一般要求达到“四通一平”，即通水、通电、通车、通信以及场地平整，并要求地表坚实可靠，考虑到双轮铣设备的自重较大，通常需要场地硬化，即铺设一定厚度的混凝土（通常要求不小于25cm）。另外，按照规划区域，对施工场地、道路、泥浆池、土方堆场、材料堆场、钢筋平台、洗车槽、排水沟、地坪以及沉淀池等相应结构或设施进行布置。

（2）施工现场的实践证明，场地的平整绝不是简单平整一下而已，在这个过程中有大量的基础工作需要一一落实，结合场地平整将场地内的基础设施落实得越细致，越有利于即将开始的正式工程的顺利施工。

3. 泥浆准备

在使用双轮铣设备时，通过泥浆将底钻屑携带至地表，泥浆一直处于流动的状态，即属循环方式。因此在泥浆准备过程中，除按需要配置泥浆、布置泥浆池以外，还有重要的一点，就是选择合适的泥浆处理设备。

5.5.3 测量放样

按照设计要求轴线外放测出地下墙轴线控制桩，控制桩均采用保护桩。高程引入现场，采用闭合回测法，设置场内水准点。以此控制导墙及地下连续墙的标高。测量使用经检验校正过的仪器，并在施测过程中以适当方法尽量消除测量误差。轴线测定使用全站仪，水准点测量用水准仪。工程测量所设置桩位，按规定报检复测，并做好护桩工作。测量定位所用的全站仪、水准仪及控制质量检测设备须经过鉴定合格，在使用周期内的计量器具按二级计量标准进行计量检测控制。

5.5.4 导墙施工

导墙是控制地下连续墙各项指标的基准，它起着支护槽口土体、承受地面荷载和稳定泥浆液面的作用。对于地质情况比较好的地方，可以直接施作导墙，对于松散层可通过放坡开挖，或者做钢板桩开挖。导墙各转角处须向外延伸，以满足最小开挖槽段需要。导墙施工允许偏差见表 5.5-1（具体详参现行地方标准《地下连续墙施工技术规程》DBJ/T 45–048 第 4.2.1 条）。

导墙施工允许偏差 表 5.5-1

序号	项目	允许偏差	检查频率		检查方法
			范围	点数	
1	宽度（设计墙厚 +30 ~ 50mm）	< ± 10mm	每幅	1	尺量
2	垂直度	<H/500	每幅	1	线锤
3	墙面平整度	≤ 5mm	每幅	1	尺量
4	导墙平面位置	< ± 10mm	每幅	1	尺量
5	导墙顶面标高	± 20mm	每幅	1	水准仪

注：H 表示导墙的深度。

1. 导墙施工方法

导墙施工工艺流程如图 5.5-2 所示。

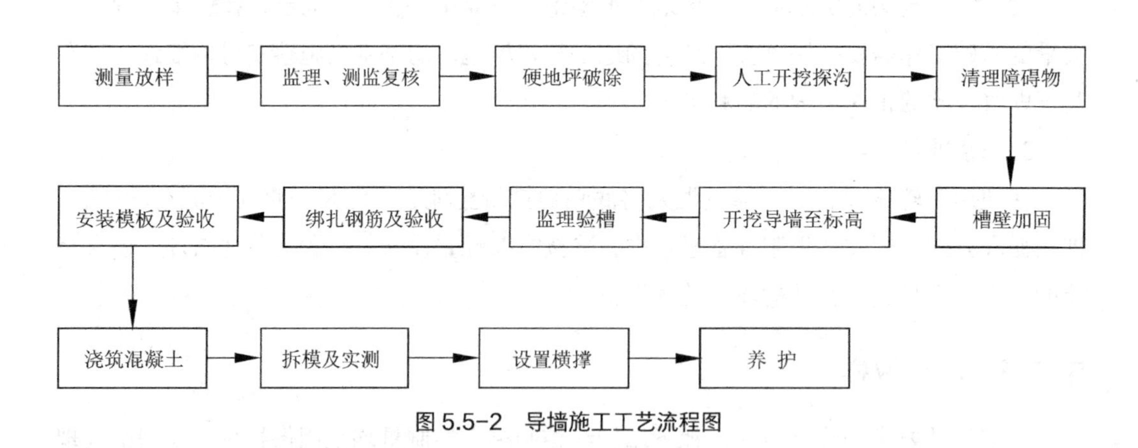

图 5.5-2 导墙施工工艺流程图

（1）平整场地。按照要求进行场地平整。

（2）测量放线。场地平整完毕之后，根据施工区域设置的测量控制点，将导墙开挖轨迹进行放线，放线完毕后以白灰将轨迹标记，以便开挖，如图 5.5-3、图 5.5-4 所示。

图5.5-3　测量控制点

图5.5-4　导墙放线

（3）土方开挖。导墙轨迹放线完毕后，即可着手开挖。通常为防止导墙基槽开挖时损坏不明地下管线，首先采用人工进行探槽开挖，确认无地下管线后，再使用挖机进行挖掘，待挖掘宽度、深度与设计值相近时，要停止机械开挖，再次使用人工开挖，以实现开挖面平坦的目的。土方开挖设临时排水系统，防止槽坑积水。导墙开挖宽度要比设计导墙宽度大400～500mm（导墙宽度要比连续墙宽度大50～100mm），深度一般在1.5m左右。导墙在拐角处的其中一边或者加长200～400mm。基槽开挖完成后，及时进行基底夯实和平整，然后在基底上施作厚度为50mm的1∶4水泥砂浆垫层防止基槽底遇水软化。

（4）绑扎钢筋。导墙钢筋笼的形状，根据选用的导墙形式制作，选用的钢筋通常为Φ12，钢筋采用绑扎方式连接，间距控制在200mm，由于导墙通常是分段制作的，一般分段长度在20m左右，导墙施工接头位置，水平钢筋必须搭接起来。分段施工缝与连续墙的分段接头错开0.5m以上。

（5）安放模板。常用的模板有木板和钢板两种。导墙制作时模板安放状态如图5.5-5所示，导墙模板支放时，要保证模板呈竖直状态，并且确保钢筋笼有20mm的保护层，即模板要与钢筋笼保持20mm的距离，为了保证模板的固定，在浇灌及凝固过程中不发生位移，要在中间放置钢支撑，并在模板外侧中部架设固定钢筋。钢支撑的宽度要与模板紧密相贴，且与设计导墙宽度一致，模板的高度要略大于设计导墙的深度，内支撑如图5.5-6所示。

（6）浇筑混凝土。模板安放完毕后，即可浇筑混凝土，混凝土浇筑时应尽量保证两侧导墙浇筑速度相差不大，以免一次浇筑过快，导致模板向一侧偏斜，从而使导墙垂直度不足，从而影响连续墙成墙质量，导墙浇筑混凝土多选用C20等级，浇筑时要注意捣实，浇筑混凝土如图5.5-7所示。

（7）拆模并设横撑。待浇灌完全的混凝土强度达到设计强度的75%，即可拆除模板，模板拆除后，为了使导墙内侧不发生变形，一般每隔1m左右在导墙内侧设置上、下两道支撑，支撑可选用方木或者槽钢，亦可两者混用，横撑如图5.5-8所示。

图 5.5-5　模板安放

图 5.5-6　内支撑

图 5.5-7　浇筑混凝土

图 5.5-8　横撑

（8）外侧回填。当导墙形式采用“L”形，或者其他需要架设外侧模板的导墙形式时，在架设横撑后，要向导墙外侧回填黏土并且要夯实。

2. 施工要点

导墙支模、混凝土浇筑等工序严格按规范施工。导墙混凝土达到一定强度后方可拆模（一般为 2 ~ 3d），拆除后应及时设置支撑，确保导墙不移动。导墙混凝土墙顶上，用红漆标明单元槽段的编号；同时测出每幅墙顶标高，标注在施工图上，以备有据可查。经常观察导墙的间距、整体位移、沉降，并做好记录，成槽前做好复测工作。穿过导墙做施工道路，必须用钢板架空，并用黏土填充密实。

3. 针对基础等障碍物处的处理方案

对障碍物处理深度小于 2.0m，导墙可制成倒“L”形深导墙。深导墙施工方法：挖出障碍物至基底或完全破除导墙范围内的基础混凝土块，将导墙的中心线引至槽底，在导墙背后用黏土分层回填密实，采用拼装模板施工，并加密支撑设置，防止模板变形、位移。对障碍物处理深度大于 2.0m，可采取黏土回填处理，再施工常规导墙。

5.5.5 泥浆工艺

1. 泥浆系统工艺流程

泥浆系统工艺流程如图5.5-9所示。

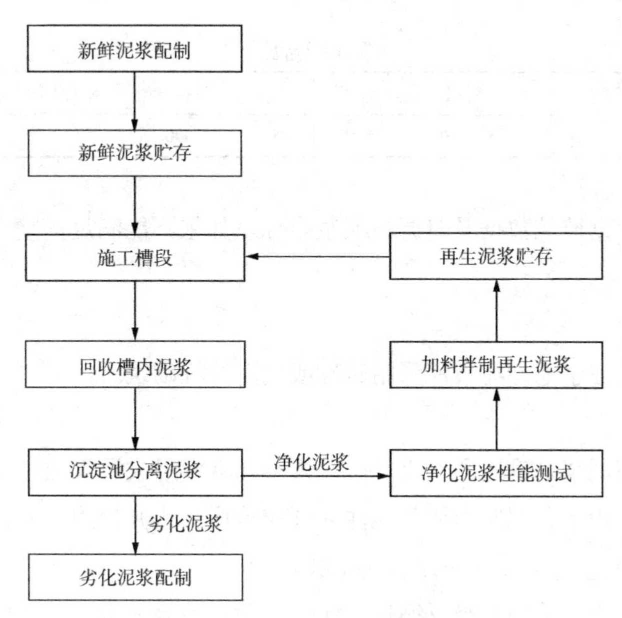

图5.5-9 泥浆系统工艺流程图

2. 泥浆配制

泥浆材料：（1）膨润土：商品复合膨润土；（2）水：自来水；（3）分散剂：纯碱（Na_2CO_3）；（4）增黏剂：CMC（高黏度）。泥浆搅拌采用高速回转式搅拌机，具体配制流程：先配制CMC溶液静置5h，按配合比在搅拌筒内加水，加膨润土，搅拌3min后，再加入CMC溶液。搅拌10min，再加入纯碱，搅拌均匀后，放入储浆池内，待24h后，膨润土颗粒充分水化膨胀，即可泵入循环池，以备使用。

3. 泥浆性能

护壁泥浆各项技术指标见表5.5-2（具体详参现行地方标准《地下连续墙施工技术规程》DBJ/T 45–048第5.2.1条及第5.2.2条）；槽壁泥浆配合比见表5.5-3。

泥浆技术指标 表5.5-2

泥浆性能	新配制		循环泥浆		废弃泥浆		检验方法
	黏性土	砂性土	黏性土	砂性土	黏性土	砂性土	
相对密度（g/cm^3）	1.04～1.05	1.06～1.08	＜1.10	＜1.15	＞1.25	＞1.35	相对密度计
黏度（s）	20～24	25～30	＜25	＜35	＞50	＞60	漏斗计

续表

泥浆性能	新配制		循环泥浆		废弃泥浆		检验方法
	黏性土	砂性土	黏性土	砂性土	黏性土	砂性土	
含砂率（%）	< 3	< 4	< 4	< 7	> 8	> 11	洗砂瓶
pH 值	8 ~ 9	8 ~ 9	> 8	> 8	> 14	> 14	试纸

泥浆配合比　　表 5.5-3

新浆的配合比	膨润土（kg）	水（kg）	化学掺合剂（kg）
	80	1000	4.8

施工过程中根据监控数据及时调整泥浆指标。如果不能满足槽壁土体稳定，须对泥浆指标进行调整。

4. 泥浆储存

泥浆储存采用泥浆池，泥浆池采用砖砌或地面挖坑砌筑。

5. 泥浆循环

泥浆循环采用泥浆泵输送和回收，由泥浆泵和软管组成泥浆循环管路。

（1）在挖槽过程中，泥浆由循环池注入开挖槽段，边开挖边注入，保持泥浆液面距离导墙面 0.3m 左右，并高于地下水位 1m 以上。

（2）清槽过程中，采用泵吸反循环，泥浆由循环池泵入槽内，槽内泥浆抽到沉淀池内，以物理处理后，返回循环池。

（3）混凝土灌注过程中，上部泥浆返回沉淀池，而混凝土顶面以上 4m 内的泥浆排到废浆池，原则上废弃不用。

6. 循环泥浆使用

对于槽段中回收的泥浆，经过处理后，对其各项性能指标进行测试，并重新调整，达到标准后才能使用。

7. 劣化泥浆处理

在通常情况下，劣化泥浆先用废浆池暂时收存，再用罐车装运外弃。

8. 施工要点

（1）泥浆制作所用原料符合技术性能要求，制备时符合制备的配合比。

（2）泥浆制作中每班进行二次质量指标检测，新拌泥浆应存放 24h 后方可使用，补充泥浆时须不断用泥浆泵搅拌。

（3）混凝土置换出的泥浆，应进行净化调整到需要的指标，与新鲜泥浆混合循环使用，不可调净的泥浆排放到废浆池，用泥浆罐车运输出场。

（4）泥浆检验见表 5.5-4，具体详参现行地方标准《地下连续墙施工技术规程》DBJ/T 45–048 第 5.2.1 条及第 5.2.2 条。

泥浆检验时间、位置及试验项目　　表 5.5-4

泥浆		取样时间和次数	取样位置	试验项目
新鲜泥浆		搅拌泥浆达 $100m^3$ 时取样 1 次，分为搅拌时和放 24h 后各取 1 次	搅拌机内及新鲜泥浆池内	稳定性、密度、黏度、含砂率、pH 值
供给到槽内的泥浆		在向槽段内供浆前	优质泥浆池内泥浆送入泵吸入口	稳定性、密度、黏度、含砂率、pH 值、泥浆含盐量
槽段内泥浆		每挖一个槽段，挖至中间深度和接近挖槽完结时，各取样 1 次	在槽内泥浆的上部受供给泥浆影响之处	同上
		在成槽后、钢筋笼放入后、混凝土浇灌前取样	槽内泥浆的上、中、下三个位置	同上
混凝土置换出泥浆	判断置换泥浆能否使用	开始浇混凝土时和混凝土浇灌数米内	向槽内送浆泵吸入口	pH 值、黏度、密度、含砂率
	再生处理	处理前、处理后	再生处理槽	同上
	再生调制的泥浆	调制前、调制后	调制前、调制后	同上

（5）泥浆场地各种池边须设置指示牌，标明泥浆各项指标。

（6）池中的合格泥浆，在每班中应巡逻检查，并将供浆量和抽查报告记录完整，以备施工考查。

5.5.6　成槽施工

1. 成槽前的准备工作

测量导墙顶标高，用红漆标出单元槽段位置，每抓宽度位置、钢筋笼搁置位置、接头位置及接头箱安放位置，并标出槽段编号，成槽机、自卸车就位。成槽机就位后，纵横两个方向垂直度都要进行观测，在槽段两侧进行堵漏，清除导墙内垃圾杂物，拆除单元槽段导墙支撑，同时注入合格泥浆至规定标高（导墙面下 30cm），对闭合幅槽段，应提前复测槽段宽度，根据实际宽度决定钢筋笼宽度。

2. 单元槽段形式

根据地下连续墙单元槽段划分的长度以及部分位置结构的特殊要求，槽段一般可被设计成如图 5.5-10 所示的形式。

3. 成槽工艺

（1）成槽采用先两侧后中间，先短边后长边抓法。采用间隔式开挖，单元槽段长度符合设计要求。成槽过程中导板抓斗垂直导墙中心线向下掘进，同时在地下墙中心线方向布置一台经纬仪监测掘进的垂直度，并及时将信息反馈给成槽机操作人员，以便修正。

（2）成槽设备为成槽机，如图 5.5-11 所示，每槽段中各抓（幅）作业顺序注意保证成槽时两侧邻界条件的均衡性，保证槽壁两个方向的垂直度。成槽施工前应编制成槽作业程序计划，以控制成槽工程质量；成槽时，泥浆应随着出土补入，保证泥浆液面在规定高度上。成槽机掘进速度应控制在 15m/h 左右，导板抓斗不宜快速掘进，以防槽壁失

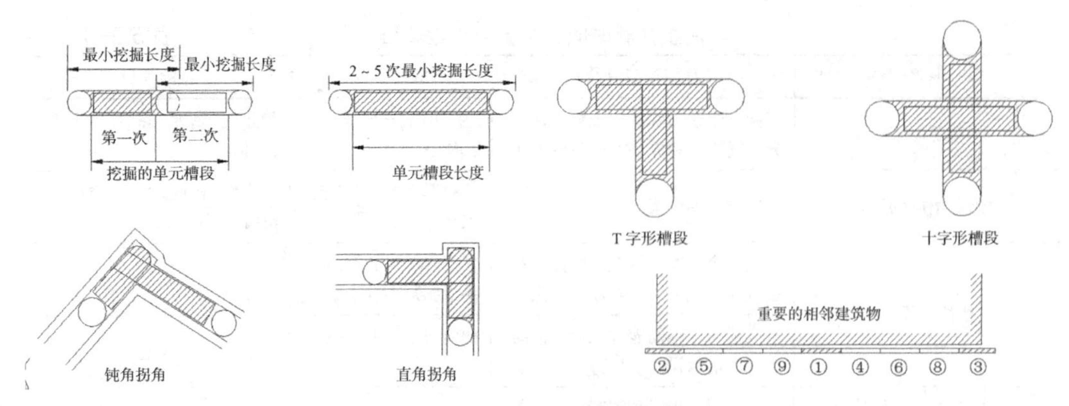

图 5.5-10　常见单元槽段形式

图 5.5-11　地下连续墙成槽机

稳，当挖至槽底 2～3m 时，应放测绳测深，防止超挖和少挖。成槽至标高后，连接幅与闭合幅应先刷壁（10 次以上），后扫孔，扫孔时抓斗每次移开 50cm 左右，扫孔结束后，进行超声波测壁，同时用测绳测槽深，数据均做原始记录。成槽过程中大型机械不得在槽段边缘频繁走动，以确保槽壁稳定，如发现泥浆翻泡、大量流失或地面有下陷、挖掘深度无变化现象时，不准盲目掘进，待商议处理后再行施工。成槽过程中如发现大塌方现象，采用回填黏性土，待处理后再进行施工。

（3）施工要点：成槽前必须对上道工序进行检查，合格后方能进行下道工序。

成槽时，除机械自身控制系统外，另用经纬仪控制成槽的垂直度。控制大型机械尽量不在已成槽段边缘行走，确保槽壁稳定，已成槽段实际深度须实测后记录备查。成槽过程中发现泥浆大量流失、地面下陷挖掘深度无变化等异常现象时不准盲目掘进，待商议处理后再行施工。成槽过程中大塌方采用回填挖土，待处理后再进行施工。成槽过程中，泥浆液面应控制在规定的液面高度上。

5.5.7　清底换浆

单元槽段开挖到设计标高后，在插放接头箱和钢筋笼之前，必须及时清除槽底淤泥和沉渣，必要时在下笼后再做一次清底，成槽以后，先用抓斗抓起槽底余土及沉渣，再用刷壁器清除已浇墙段混凝土接头处的凝胶物，并用泵吸反循环吸取孔底沉渣，在灌注混凝土前，利用导管采取泵吸反循环进行二次清底并不断置换泥浆，清槽后测定槽底以上 0.2 ~ 1.0m 处的泥浆相对密度应不大于 1.15，含砂率不大于 8%，黏度不大于 28s，槽底沉渣厚度小于 100mm。

1. 清槽

根据清槽的顺序，可将清槽分为一次清槽和二次清槽。一次清槽在钢筋笼安装之前进行。在钢筋笼安放完毕、浇筑混凝土之前，需要对沉渣厚度进行再次测定，如不符合要求，须再次清槽，直到满足要求为止。

2. 清槽目的及质量要求

清槽的目的是置换孔内稠泥浆，并清除钻渣和槽底沉淀物，以保证墙体结构功能要求，同时为后续工序提供良好的施工条件。清槽的质量要求是：清槽结束后 1h，测定槽底沉渣淤积厚度不大于 20cm，槽底停滞 1h 后，槽底 500mm 高度以内的泥浆相对密度不大于 1.15，黏度在 18 ~ 22s 范围内，含砂率小于 4%。

3. 一次清槽

一次清槽的主要内容是清除钻进过程中形成的沉渣以及接头部位的清刷。由于底部配置有泥浆泵，因此在铣至设计深度后，停止铣削，使用泥浆泵抽反循环抽吸一定时间后，如现场配置的泥浆处理设备无大颗粒钻渣被分离出来，即代表槽底沉渣清除。但是，需要注意的是，在整幅槽段铣削完毕后，在每一刀位置均要重新进行清槽，即每一刀位置均需要再次下放刀架，进行抽吸。对于接头部位的清刷，需要采用特制形状的接头刷（其形状根据接头形式确定，如图 5.5-12、图 5.5-13 所示），采用吊车或者自制卷扬，将刷壁器置入槽内紧贴接头混凝土面或者接头装置，反复上下刷 2 ~ 3 遍清除干净。

图 5.5-12　工字钢接头刷壁器（冲击锤类型）

图 5.5-13　锁扣管接头刷壁器

4. 二次清槽

施工过程中，泥浆一直处于循环的状态，从槽内置换出来的泥浆经过净化处理，再回到孔内，并且循环泥浆的性能参数指标有相应的控制要求，这样就保证了槽内泥浆的良好性能。槽内泥浆中基本上不会含有大量钻进过程中形成的钻渣，即使泥浆经过较长时间的静置，在孔底也不会形成较厚的沉渣。因此，如果工序衔接得当，并且安放钢筋笼时对槽壁无大的扰动时，双轮铣工艺一般不需要进行额外的二次清槽。

5.5.8 接头工艺

采用铣槽工艺施工地下连续墙时，除通用的工字钢接头、锁口管接头、隔板接头等常见的接头形式外，铣槽工艺还可以施工套铣接头，即混凝土接头。通常铣槽工艺的接头工艺主要是套铣接头工艺和工字钢接头工艺。

1. 接头的工艺要求

（1）不得对邻近单元槽段的成槽施工造成影响。

（2）不会造成混凝土从接头下端或者接头一侧绕流。

（3）接头承受混凝土的侧向压力而不严重变形。

（4）根据设计要求，传递单元槽段之间的应力，并起到伸缩接头的作用。

（5）槽段较深时，须将接头分段吊入，应满足拆装方便的要求。

（6）接头表面上不应粘附沉渣，以免造成强度降低或防渗性能下降。

2. 套铣接头

套铣接头即混凝土接头，其使用双轮铣设备开挖二期槽段时，会对两侧已浇筑混凝土一期槽段进行少量（100 ~ 300mm）的铣削，完成后浇筑混凝土即可形成优质的混凝土接头，如图 5.5-14 所示。

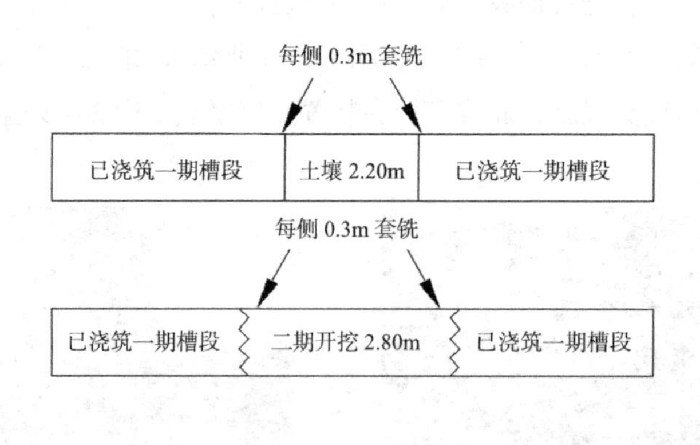

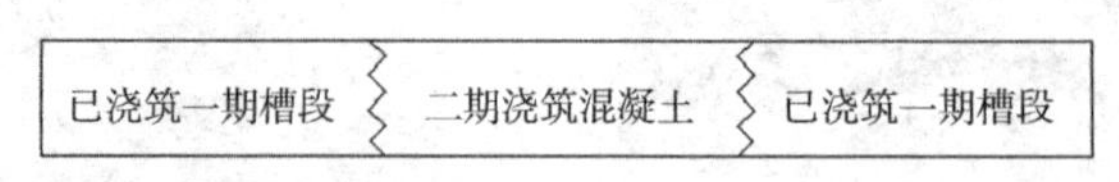

图 5.5-14　套铣接头示意图

（1）套铣接头的优点

套铣接头工艺与常规的接头工艺相比，其有以下优点：

1）通过对一期槽的铣削留下的粗糙表面，形成的接头连接紧密，应力传递好。

2）接头工艺简单，混凝土绕流对套铣接头施工影响不大。

3）没有接头装置，铣槽的深度不受限制。

4）通过铣削，使一期槽露出新鲜混凝土面，形成的接头夹带泥沙少。

（2）套铣接头的施工技术要求

1）槽段划分比较单一，二期槽段长度必须为铣刀宽度，划分完成后不易改动。

2）二期槽长度较短，使得接头数量大大增加，并且接头的渗水路径较短，如有必要可在接头部位进行额外的注浆或者深搅等防渗作业。

3）由于两侧一期槽的灌注时间不同，两侧强度也不一，很容易造成铣轮向一侧偏斜，在铣削时要注意及时纠偏。

4）二期槽的铣削应避开混凝土强度的快速增长期，并且需要保证混凝土具有足够的强度，一般在两侧一期槽浇筑完之后的 7 ~ 14d 内完成铣削。

5）浇筑二期槽混凝土之前要做好一期已浇筑混凝土面的清理工作。

3. 工字钢接头

工字钢接头施工工艺，是通过在钢筋笼制作完毕后，在钢筋笼接头位置连接工字钢，使用工字钢来实现连续墙接头的工艺要求，如图 5.5-15 所示。

图 5.5-15　工字钢接头

（1）工字钢接头优点：单元槽段划分灵活，各槽段长度相差不大，后期施工可根据需要适当改动；接头刚度大，提供更好的挡土能力抵抗由于地震和振动所产生的抗侧向力，可作为部分和承受载荷的永久结构体；没有需要拔出的接头装置，施工工艺相对简单，且施工深度不受限制。

（2）工字钢制作：应用工字钢接头施工的地下连续墙槽段平面。目前工字钢接头的形状有对称型（$a=b$）及非对称型（$a<b$）两种（a、b 分别表示工字钢上下端翼缘宽度），后者虽比前者制作困难，但由于其渗径较长，故防渗效果好，Ⅱ期施工时钻头的导向性也较好，因此使用较多。

（3）工字钢背部填塞：工字钢接头放置完毕后，为防止Ⅰ期水下混凝土浇渗至工字钢接头Ⅱ期腹腔，须在Ⅱ期腹腔内填满填充物。腹腔填充材料一般可选用碎石、砂包或者泡沫板。碎石或砂包的填充方式，在工字钢安放完毕之后进行，即人工或者借助设备，将大量充填物扔进工字钢腹腔即可；使用泡沫板时，采用绑扎方式，即将泡沫绑扎在工字钢之上，通常在工字钢腹板预留穿丝孔洞，并用薄板压紧泡沫表面（防止因浮力过大，钢丝拉断泡沫而造成泡沫脱离工字钢），一般情况下，也需要充填砂包来填充泡沫板与槽壁的孔隙。

（4）工字钢接头施工要点：工字钢腹腔一定要填充密实，如不慎有混凝土绕至腹腔，需要使用较小直径的冲击锤清理干净；在邻近工字钢接头部位铣削时，要控制好铣槽的垂直度，谨防铣削工字钢；接头部位的清理工作不容忽视，要使用专用的钢刷对工字钢腹腔部位的泡沫或者其他填充物清刷干净，采用泡沫时，要注意观察泡沫浮起量（此量应与安装量基本相等），存在其他填充物时，用钢丝刷贴腹腔上下洗刷，至钢丝不沾染泥皮为止，即符合要求。

5.5.9 钢筋笼制作和吊放

（1）现场布置专门钢筋笼平台如图 5.5-16 所示。平台尺寸根据实际情况确定。钢筋笼平台平整度是钢筋笼加工好坏的前提条件，因此在平台制作过程中要严格控制其平整度，而且在使用过程中也要定期检验其平整度。

图 5.5-16 钢筋笼平台

（2）钢筋笼制作：根据单元槽段尺寸进行断料、成型，钢筋采用机械接头。如用闪光对焊接头，接头处不得有横向裂缝。对焊后接头应冷却后平直放置。根据槽段尺寸，把横向筋搬运至平台上，按设计间距放好，再放入纵向钢筋焊牢，要求纵横交叉成直角（空开桁架位置）；下层钢筋焊好后，将下层的钢筋保护块焊好，进行桁架焊接，使桁架和下层钢管调节成直角；再焊接撑筋、上层钢筋和横向箍筋，以及加强焊接吊点、钢筋笼搁置点等，最后焊接钢筋接驳器。焊接质量符合设计要求，吊点加强处须注意，严格控制焊接质量。钢筋笼整体制作后须经过检验，符合质量标准要求后方能起吊入槽。

（3）钢筋笼结构

钢筋笼结构图如图5.5-17～图5.5-19所示。

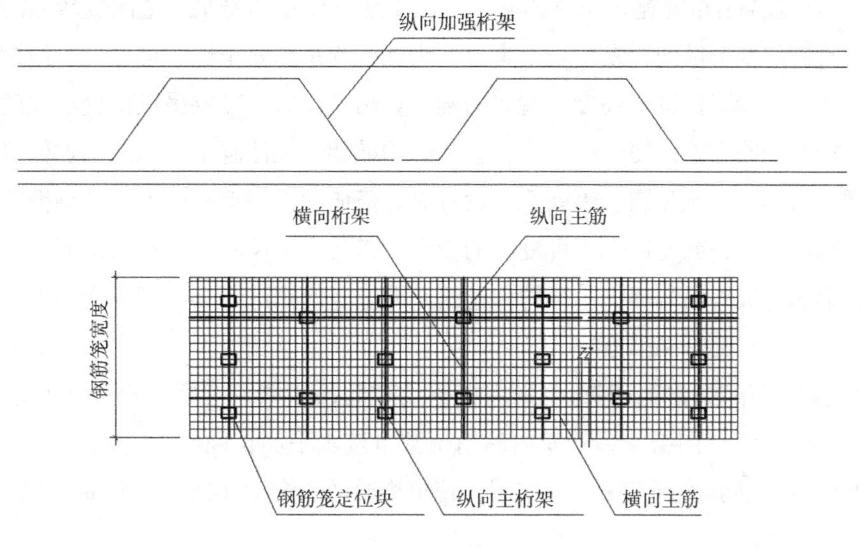

图5.5-17　钢筋笼的结构

图5.5-18　交错点焊

图5.5-19　保护层垫块

（4）钢筋笼吊装：吊点根据弯矩平衡原理计算及吊装位置安装，所有吊点的上部水平筋同主筋须全部焊牢，不得漏焊。吊装中应该做到如下几点：

1）作业前严格做好施工准备工作，包括场地平整、人员组织、吊车及其他相应运输工具的检查，本工程钢丝绳、吊具按本工程钢筋笼最大重量设置。

2）吊装作业现场施工负责人必须到位，起重指挥人、监护人员都要做好安全和吊装参数的交底，现场划分设置警戒区域，夜间吊装须有足够灯光照明。

3）严格执行“十不吊”作业规程。

4）本工程地墙钢筋笼网片为一庞大体，为确保钢筋笼不变形，在钢筋笼加工上设置多榀桁架以保证钢筋笼吊装过程中不变形，做吊点设置使钢筋笼受力合理。

5）主吊机在负荷时不能减小臂杆的角度，且不能 360° 回转。

（5）吊点设置：钢筋笼采用整体起吊。由于地下墙钢筋笼是一个刚度较差的庞然大物，起吊时极易变形散架，发生安全事故。为保证起吊的安全性、可靠性，使被吊物体不发生弹性变形和降低抗弯强度，就要精确计算吊点位置。如果吊点位置不准确，钢筋笼会产生较大挠曲变形，使焊缝开裂，整体结构散架，无法起吊。因此吊点位置的确定是吊装过程的一个关键步骤。钢筋笼上设置纵、横向起点桁架和吊点，使钢筋笼起吊时有足够的刚度防止钢筋笼产生不可复原的变形。各吊点采用圆钢与纵向桁架满焊加固吊点。作为钢筋笼最终吊装环中吊杆构件的钢筋笼上竖向钢筋，必须同相交的水平钢筋由上至下的每个交点都焊接牢固。

（6）钢筋笼吊装加固：钢筋笼采用整幅成型起吊入槽，考虑到钢筋笼起吊时的刚度和强度，根据设计图纸，钢筋笼内的桁架数量按水平筋长度的 1 ~ 1.2m/ 个设置，如图 5.5-20 所示。钢筋吊点处用圆钢加固，转角槽段增加槽钢支撑。平面做剪刀撑以增加钢筋笼整体刚度。

（7）钢筋绑扎焊接及保护层设置：钢筋来料要有质保书，并与实物进行核对，原材经试验合格后才能使用，焊接材料做好焊接试验，合格后才能投入使用。主筋搭接优先采用对焊接头，其余当有单面焊接时，焊缝长度满足 10d。搭接错位及接头检验应满足钢筋混凝土规范要求。各类埋件要准确安放，仔细核对每层接驳器的规格数量。相对于斜支撑的部位安放预埋钢板。为保证保护层的厚度，在钢筋笼宽度上水平方向设两列定位钢垫板。钢筋保证平直，表面洁净无油渍，钢筋笼成型用钢丝绑扎，然后点焊牢固，内部交点 50% 点焊，桁架处 100% 点焊。成型完成经验收后投入使用，起吊前对多余的料件予以清理，如图 5.5-21 所示。

（8）钢筋笼吊装：起吊时主钩起吊钢筋笼顶部，副钩起吊钢筋笼中部，多组捯链主副钩同时工作如图 5.5-22、图 5.5-23 所示，使钢筋笼缓慢吊离地面，并改变笼子的角度逐渐使之垂直，吊车将钢筋笼移到槽段边缘，对准槽段按设计要求位置缓缓入槽并控制其标高。钢筋笼放置到设计标高后，利用槽钢制作的扁担搁置在导墙上。

图 5.5-20　桁架筋图

图 5.5-21　加固筋切除

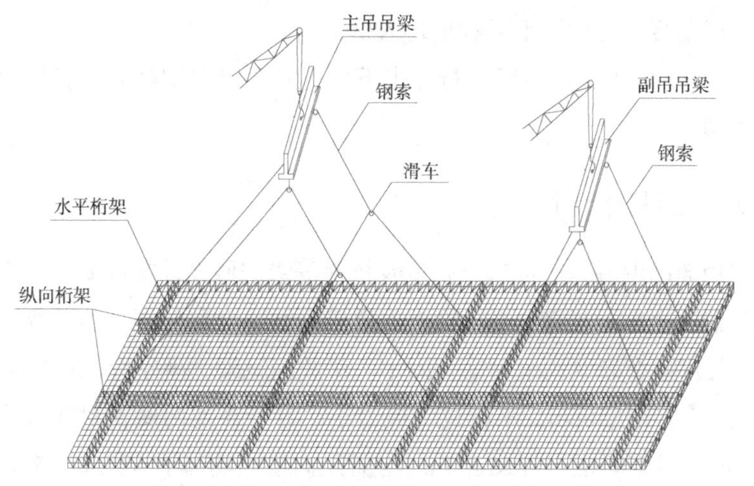

图 5.5-22　钢筋笼的吊装示意图

图 5.5-23　钢筋笼吊装现场

（9）钢筋笼起吊注意事项

1）在钢筋笼起吊前必须重新检查吊点和搁置板的焊接情况，确保焊接质量满足起吊要求后方可开始起吊。

2）在起吊前仔细检查吊具、钢丝绳的完好情况，必须符合安全规范要求。对于吊具的检查重点是对滑轮及钢丝绳质量的检查，如发现钢丝绳有小股钢丝断裂或滑轮有裂纹现象，一律不得使用。

3）在起吊前检查导管仓内是否有异物，如有必须清除。

4）检查导管仓内导向钢筋的连接情况，确保焊接牢固。

5）起吊前必须清除钢筋笼内的杂物，避免在起吊钢筋笼过程中发生高空坠物的事故。

6）起吊必须服从起重工的指挥，确保钢筋笼平稳、安全起吊。

7）钢筋笼在入槽过程中割除导管仓内的加固钢筋，确保导管仓顺直、畅通。

8）钢筋笼在入槽过程中仔细检查接驳器的完好情况，如有发生接驳器或钢筋脱焊和接驳器帽子脱落现象必须马上弥补后再入槽。

9）如钢筋笼下放困难切不可强行冲击下放，必要时将钢筋笼重新拎出，对槽段重新处理后再入槽。

5.5.10 水下混凝土浇筑

混凝土采用商品混凝土，混凝土强度及抗渗等级按照设计文件要求确定：

（1）浇筑混凝土前的准备工作：检查上道工序后，对首开幅、连接幅槽段进行接头箱吊放拼装，并焊接在导墙预留钢筋上固定。吊放浇筑架，接导管，采用两根 *DN*200 导管，导管口距孔底约为 50cm，不宜过大或过小。导管在地面做密封性试验，压力控制在 0.6 ~ 0.7MPa。导管间距不宜大于 3m，导管距离槽段端部不应大于 1.5m，如图 5.5-24 所示，导管在钢筋笼内要上下活动顺畅，浇筑前利用导管进行泵吸反循环二次清底换浆，并在槽口上设置挡板，以免混凝土落入槽内而污染泥浆。在导管内放入隔水球胆。在槽口吊放泥浆泵，接好泥浆回收管路，直通调整池。

（2）浇筑混凝土工艺，准备工作结束后，要求混凝土供应能力在 36m^3/h 左右，来料均匀连续，和易性良好，坍落度为 18 ~ 22cm，不符合要求的混凝土应退货。

（3）浇筑混凝土时，以充气球胆作为隔水栓，混凝土罐车直接把混凝土送到导管上的漏斗内，浇筑速度控制在 3 ~ 5m/h。浇筑时各导管处要同步进行，保持混凝土面呈水平状态上升，其混凝土面高差不得大于 300mm。浇筑过程中，混凝土不断送入导管内，每浇完 1 ~ 2 车混凝土，应对来料方数和实测槽内混凝土面深度所反映的方数，用测绳校对一次，二者应基本相符，测量数据要记录完整。导管埋管值应控制在 2 ~ 6m，当混凝土不畅通时，可将导管上下提动，幅度在 30cm 左右。浇筑过程要连续进行，中断时间不得超过 30min，灌到墙顶位置要超灌 0.5m。球胆浮出泥浆液面后回收，以备继续

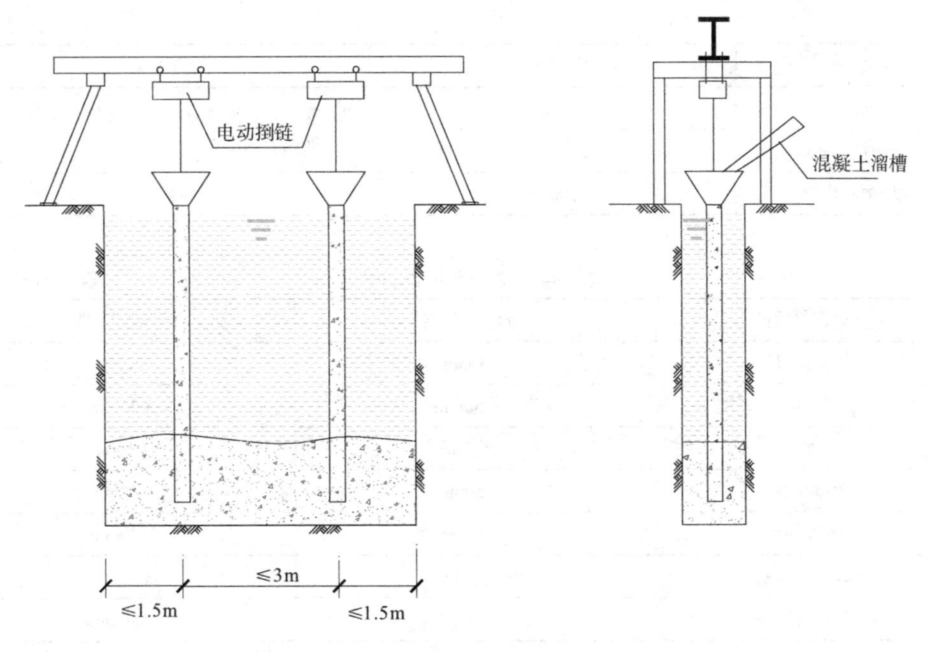

图 5.5-24 浇筑示意图

使用，在混凝土开浇的同时，开动泥浆泵回收泥浆，最后 5m 左右泥浆如已严重污染，则抽入废浆池。在离预定计划最后 4 车时，每浇一车测一次混凝土面标高，将最后所需混凝土量通知搅拌站。

5.5.11 地下连续墙质量控制标准

地下连续墙质量控制标准具体详参地方标准《地下连续墙施工技术规程》DBJ/T 45–048–2017 第 9.4 章，槽段开挖精度质量控制见表 5.5-5，地下连续墙钢筋笼制作的允许偏差参考表 5.5-6，地下连续墙各部位允许偏差参考表 5.5-7。

槽段开挖精度质量控制表 表 5.5-5

项目	允许偏差	检验方法
槽宽	0 ~ +50mm	垂球实测
垂直度	0.3%	超声波测井仪
槽深	大于设计深度 100 ~ 200mm	测绳

地下连续墙钢筋笼制作的允许偏差表 表 5.5-6

项目	允许偏差	检查方法
钢筋笼长度	± 50mm	钢尺量，每片钢筋网检查上、中、下三处
钢筋笼宽度	± 20mm	
钢筋笼厚度	± 10mm	

续表

项目	允许偏差	检查方法
主筋间距	±10mm	任取一断面，连续量取间距，取平均值作为一点，每片钢筋网上测四点
分布筋间距	±20mm	
预埋中心位置	±10mm	抽查

地下连续墙各部位允许偏差　　表 5.5-7

允许偏差项目	临时支护墙体	复合结构墙体
平面位置	+50mm	+30mm
平整度	±50mm	±30mm
垂直度	0.5%	3/1000
预留孔洞	±50mm	±30mm
预埋件	±50mm	±30mm
预埋连接钢筋	±50mm	±30mm
变形缝、诱导缝	/	±20mm

5.6 质量通病防治

质量通病防治见表 5.6-1。

质量通病防治　　表 5.6-1

质量通病	导墙破坏或变形
形成原因	（1）导墙的强度和刚度不足，或导墙建在松软土层或回填土层上，浸水下沉，引起导墙破坏； （2）导墙下局部槽段坍塌或受水冲刷掏空； （3）导墙内侧未设置足够的支撑，被墙两侧土压推移向内侧挤拢； （4）作用在导墙上的荷载过大，过于集中
防治方法	（1）按设计要求精心施工导墙，确保质量，导墙内钢筋应连接； （2）适当加大导墙深度，加固地基，墙两侧做好排水措施； （3）在导墙内侧设置有一定强度的支撑，不使间距过大，替换支撑时，应安全可靠地进行； （4）如钻机及附属荷载过大，宜用大张钢板铺在导墙上，以分散作用在导墙上的设备及其他荷载，使导墙上荷载均匀； （5）大部分或局部已严重破坏或变形的导墙应拆除，并用优质土（或再掺入适量水泥、石灰）分层回填夯实加固地基，重新建造导墙
质量通病	槽壁坍塌（塌孔）
形成原因	（1）遇竖向节理发育的软弱土层、粉砂层或流砂土层，或地下水位高的饱和淤泥质土层，在软土地基，土的抗剪强度很低，土的内摩擦角 $\varphi \leq 12°$，塑性指数 $I_p \leq 14$ 时，易发生塌孔； （2）护壁泥浆选择不当，泥浆质量差，密度不够，不能在壁面形成良好的泥皮，起液体支撑作用； （3）暴雨引起地下水位急剧上升，地面水进入槽段内，使泥浆变质，并产生渗流通道； （4）地下水位过高，泥浆液面标高不够，或孔内出现承压水，降低了静水压力； （5）配制泥浆水质不合要求，含盐类和泥砂过多，易于沉淀，使泥浆性质发生变化，不能起到护壁作用； （6）泥浆配制不合要求，质量不符合指标规定，废泥浆未经认真处理就继续使用，使泥浆失去效用； （7）由于泥浆漏失或在泥浆循环过程中未及时补浆，使槽内泥浆液面降至安全范围以下； （8）在松软砂层中钻进，进尺过快，或钻机回转、提钻速度过快，空转时间过长，将槽壁扰动，或存在地下障碍，处理方法不当；

续表

质量通病	槽壁坍塌（塌孔）
形成原因	（9）单槽段过长，或地面附加荷载过大，或属易坍塌的异型槽段； （10）成槽后未及时吊放钢筋笼和浇筑混凝土，槽段搁置时间过长，使泥浆沉淀失去护壁作用，或地下水位过高，槽壁受到冲刷
防治方法	（1）在竖向节理发育的软弱土层、粉砂层、流砂土层、淤泥质土层以及软土层钻进时，应采取慢速钻进，适当加大泥浆密度，控制槽段内液面高于地下水位 0.5m 以上； （2）严格拌制泥浆质量。成槽应根据土质情况选用合格泥浆，并通过试验确定泥浆密度； （3）泥浆必须认真配制，并使其充分溶胀，储存 3h 以上，严禁将膨润土、火碱等直接倒入槽内。所用水质应符合规定，废泥浆应经循环过滤处理后方可使用； （4）做好地面排水或降低地下水位工作，减少渗流和高压水流冲刷，控制槽内泥浆液面在安全范围以内； （5）在松软砂层中钻进，应控制进尺，不要过快或空转时间过长； （6）尽量采用对土体扰动较少的成槽机械，减少地面荷载； （7）根据钻进情况，随时调整泥浆密度和液面标高。发现泥浆漏失或变质，应及时补浆或更新泥浆； （8）单元槽段一般应不超过两个槽段，控制地面荷载不要过大； （9）槽段成孔后，紧接着放钢筋笼并浇筑混凝土，尽量不使其搁置时间过长； （10）加强施工操作控制，缩短每道工序的间隔时间； （11）对严重坍孔的槽段，要拔钻，在坍塌处填入较好的黏土或土砂混合物，再重新下钻钻进； （12）槽壁局部坍塌时，可加大泥浆密度。已坍塌土体可用钻机搅成碎块再用砂石泵抽出，但需注意一段时间后，应将钻机提升一定高度，然后再往下钻，以防再次塌方的土体将钻机埋在槽段内，如此反复，直至设计标高； （13）如出现大面积坍塌，应将钻机提出地面，用优质黏土（掺入 20% 水泥）回填至塌方处以上 1 ~ 2m，待沉积密实后再进行钻进
相关图片或示意图	

质量通病	槽壁漏浆
形成原因	（1）挖槽与多孔的砾石地层或落水洞、暗沟、裂隙等，泥浆掺入量渗入孔隙，或沿洞、沟、裂隙流失； （2）泥浆质量差，密度不够，未能在槽壁形成良好的泥皮，以至不能阻止泥浆大量泄漏； （3）遇到透水性强或有地下水流动土层； （4）水头过高，使槽壁渗透
防治方法	（1）遇到多孔的砾石地层或裂隙发育地层，应停止使用吸力泵或砂石泵，并往导槽内输送尽量多的密度较大的稠泥浆； （2）配置优质泥浆，适当提高泥浆的黏度和密度，使槽内泥浆保持正常液面； （3）适当控制槽孔内水头高度，不要使压力过大。 治理方法： 配备堵漏材料，发现漏浆及时补浆和堵漏。对落水洞、暗沟，应将挖槽机提出地面，填充优质黏土后，重新钻进

续表

质量通病	槽壁漏浆
相关图片或示意图	
质量通病	槽孔偏斜（歪曲）
形成原因	（1）钻机柔性悬吊装置偏心，钻头本身倾斜或多头钻底座未安置水平； （2）钻进中遇较大孤石或探头石或局部坚硬土层； （3）在有倾斜度的软硬地层交界岩面倾斜处钻进，或在粒径大小悬殊的砂卵石中钻进，钻头所受阻力不均； （4）扩孔较大处钻头摆动，偏离方向； （5）采取依次下钻，一侧为已浇筑混凝土墙，常使槽孔向另一侧倾斜； （6）成槽掘削顺序不当，钻压过大
防治方法	（1）钻机使用前调整悬吊装置，使机架、多头钻和槽孔中心处在一条直线上，以防止产生偏心。机架底座应保持水平，并安设平稳，防止歪斜； （2）遇较大孤石、探头石，应辅以冲击钻破碎，再用钻机钻进； （3）在软硬岩层交界处及扩孔较大处，采取低速钻进； （4）尽可能采取两槽段成槽，间隔施钻，合理安排掘削顺序，适当控制钻压，使钢绳处于受力状态下钻进； （5）查明钻孔偏斜的位置和程度，对偏斜不大的槽孔，一般可在偏斜处吊住钻机，上下往复扫孔，使钻孔正直。对偏斜严重的槽孔，应回填砂与黏土混合物到偏孔处 1m 以上，待沉积密实后，再重新施钻
相关图片或示意图	
质量通病	沉渣过厚
形成原因	（1）遇杂填土、软塑淤泥质土、松散砂、砾夹层等松软土层，易于坍落形成沉渣； （2）成槽后，孔底沉渣未清理干净； （3）槽孔口未保护好，上部行人、运输，槽口被扰动，虚土掉入孔内； （4）吊放钢筋笼和混凝土浇灌漏斗时，槽口土或槽壁土被碰撞，掉入槽孔内； （5）成孔后未及时吊放钢筋笼和浇筑混凝土，槽孔被雨水冲刷或泥浆沉淀、槽壁剥落沉淀，使沉渣加厚

续表

质量通病	沉渣过厚
防治方法	(1)遇杂填土及各种软弱土层，成槽后应加强清渣工作，除在成孔后清渣外，在下钢筋笼后，浇筑混凝土前还应再测定一次槽底沉渣和沉淀物，如不合格，应再清渣一次，使沉渣厚度控制在规范允许范围内； (2)保护好槽孔。运输材料、吊钢筋笼、浇筑混凝土等作业，应防止扰动槽口土和碰撞槽壁土掉入槽孔内； (3)清槽后，尽可能缩短吊放钢筋笼和浇筑混凝土的间隔时间，防止槽壁受各种因素剥落掉泥沉积； (4)经测定沉渣超过规范允许厚度时，应用吸力泵或空气吸泥法清渣。如将冲出泥浆的潜水砂泵和吸出泥浆的潜水砂泵组合放在槽底，进行冲吸，以多头钻进行清底作业。有时待沉积后，再次以抓斗下槽抓泥。如还有少量超厚泥渣清不干净时，可填以砂砾石，吊重锤夯击使混合密实，减少下沉
相关图片或示意图	

质量通病	钢筋笼尺寸不准或变形
形成原因	(1)钢筋笼制作未在平台上放样成型，绑扎用卡板控制尺寸，点焊固定，使各部尺寸不一，运输扭曲变形散架，无法吊放安装就位； (2)钢筋笼安装次序不当，使钢筋笼尺寸大小不能均匀一致； (3)钢筋笼尺寸大，刚度差，未设纵向钢筋桁架及斜向拉筋加固； (4)吊点不当，在运输和吊放时，因刚度不足而造成扭曲变形
防治方法	(1)钢筋笼制作应在平台上放样成型，在平整地面或平台上绑扎，用卡板控制尺寸，安排好绑扎次序，使钢筋笼尺寸一致，偏差控制在允许范围以内，外形尺寸应比槽段尺寸小110～120mm； (2)钢筋笼除结构受力筋外，一般应加设纵向桁架和主筋平面内的水平与斜向拉条，并与闭合箍筋点焊成骨架。对较宽尺寸的钢筋笼应增设直径25mm的水平筋和剪刀拉条组成的横向水平桁架，并按要求设置吊点，使有足够的刚度； (3)吊点应均匀，绑扎点应不少于4点，对尺寸大的两槽段钢筋笼应不少于6点绑扎，使受力均匀，以避免变形； (4)对尺寸偏差过大、已扭曲变形的钢筋笼，应拆除重新在平台上设卡板按尺寸绑扎，并按要求进行加固处理
相关图片或示意图	

续表

质量通病	钢筋笼难以放入槽孔内
形成原因	(1)槽壁凹凸不平或倾斜过大，或弯曲； (2)钢筋笼尺寸偏差过大，纵向接头处产生弯曲，定位块过于凸出； (3)钢筋笼刚度不够，吊放时产生变形
防治方法	(1)成孔要调整好钻机导板箱的垂直度，使保持槽壁面平整、垂直，并在成孔过程中反复扫孔； (2)严格控制钢筋笼外形尺寸，其截面长宽应比槽孔小 11 ~ 12cm。钢筋笼接长时，先将下段放入槽孔内，保持垂直状态，悬挂在槽壁上部导墙上，再将上节垂直对正下段后，进行焊接，要求二人同时对称施焊，以免焊接变形，使钢筋笼产生纵向弯曲； (3)钢筋笼应按要求加设纵向钢筋桁架及斜向拉筋加固，使有足够的刚度，不致产生过大变形。在两侧加设导向带钢筋耳环的定位垫块（保护层垫块），使每侧与设计槽壁间应有 20mm 空隙，以利下钢筋笼； (4)如因槽壁弯曲钢筋笼不能放入，应修整槽壁后再吊放钢筋笼，避免强行放入，使钢筋笼变形； (5)如因钢筋笼尺寸偏差过大或变形不能放入，应全部或局部拆除，重新绑扎，使尺寸达到要求为止
相关图片或示意图	

质量通病	墙体出现夹层
形成原因	(1)混凝土导管埋入混凝土内过浅，浇筑混凝土时提管过快，将导管提出混凝土面，致使泥浆混入混凝土内形成夹层； (2)浇筑管摊铺面积不够，部分角落浇筑不到，被泥渣填充； (3)浇筑管埋置深度不够，泥渣从底口进入混凝土内； (4)导管接头不严密，泥浆渗入导管内； (5)首批下混凝土量不足，未能将泥浆与混凝土隔开； (6)混凝土未连续浇筑，造成间断或浇筑时间过长，首批混凝土初凝失去流动性，而继续浇筑的混凝土顶破顶层上升，与泥渣混合，导致在混凝土中央有泥渣，形成夹层。 (7)导管提升过猛，或探测错误，导管底口超出原混凝土面底口，涌入泥浆； (8)混凝土浇筑时局部塌孔
防治方法	(1)经常测定混凝土面上升高度，并据此拔管。操作时，提升导管速度要慢； (2)采用多槽段浇筑时，应设 2 ~ 3 根导管同时浇筑； (3)导管埋入混凝土深度宜为 1.2 ~ 4.0m，不能过浅或过深； (4)导管接头应采用粗丝扣，设橡胶圈密封； (5)首批灌入混凝土量要足够充分，使其有一定的冲击量，能把泥浆从导管中排出，并与混凝土隔开； (6)混凝土浇筑应保持快速连续进行，中途停歇时间不得超过 15min； (7)导管提升速度不应过快。槽内混凝土上升速度不应低于 2m/h； (8)采取快速浇筑，一个槽段混凝土应一次连续浇筑完成，以防时间过长塌孔； (9)若导管已提出混凝土面以上，应立即停止浇筑，改用混凝土堵头，将导管插入混凝土重新开始浇筑； (10)遇塌孔，可将沉积在混凝土上的泥土吸出，继续浇筑，同时应采取加大水头压力等措施； (11)如混凝土凝固，可将导管提出，将混凝土清出，重新下导管，浇筑混凝土； (12)混凝土已经凝固，出现夹层，应在清除后采取压浆补强方法处理

续表

质量通病	墙体出现夹层
相关图片或示意图	
质量通病	墙体酥松、混凝土强度达不到要求
形成原因	（1）采用导管法水中浇筑混凝土操作不良，混入大量泥浆，使混凝土质量变差，强度降低； （2）混凝土配合比不当，砂、石级配不好，含泥量大，杂质多，砂浆少，石子多，和易性差，水灰比大，造成混凝土级配不良，强度达不到要求； （3）水泥过期或受潮结块，缺乏活性，因而使混凝土强度降低； （4）槽壁土层松软，受流动水的冲刷作用使混凝土受到污染，出现酥松、剥落
防治方法	（1）采用导管法水中浇筑混凝土，要精心操作，并采取有效的措施，防止泥浆混入混凝土内，降低强度； （2）严格认真选用混凝土配合比，做到级配优良，砂率合适，坍落度、流动性符合要求； （3）水泥应选用活性高、新鲜无结块的水泥，过期受潮水泥应经试验合格后方可使用； （4）对槽壁土质松软有流动水的槽段，应采取加快浇灌速度，混凝土中掺加絮凝剂，避免混凝土受到冲刷污染，降低强度而造成酥松剥落； （5）对墙体表面出现酥松剥落，强度降低的情况时，如一面挖出的墙，应采取加固处理；不能挖出的墙，采用压浆法加固
相关图片或示意图	
质量通病	槽段接头渗水
形成原因	（1）挖槽机成孔时，粘附在上一槽段混凝土接头面上的泥皮、泥渣未清除掉，就下钢筋笼、浇筑混凝土，形成泥土隔层； （2）槽段内沉渣未清理干净，沉渣过厚，在混凝土浇筑时，部分沉渣会被混凝土的流动推挤到墙段接头处和两根导管中间（此处混凝土面较低），形成墙段接缝夹泥渗水和墙体中间部分渗水

续表

质量通病	槽段接头渗水
防治方法	（1）在清槽的同时，对上一槽段接缝混凝土表面，应将圆形钢丝刷或刮泥器等工具用起重机吊入槽内紧贴接头混凝土往复上下刷2~3遍，将泥渣清除干净，或在槽壁较稳定条件下用喷射水流冲洗，但均应在清槽换浆前进行； （2）按要求做好槽底清渣工作，使沉渣厚度控制在规范允许的范围以内，防止挤入接头面及墙体中间，造成渗漏； （3）如渗漏水量不大，可采用防水砂浆修补。渗漏涌水量较大时，可根据水量大小，用短钢管或胶管引流，周围用砂浆封住，然后在背面用水泥或化学灌浆，最后堵引流管。漏水量很大时，用土袋堆堵，然后用水泥或化学灌浆封闭，阻水后，再拆除土袋
相关图片或示意图	
质量通病	沉渣过厚
形成原因	（1）遇杂填土、软塑淤泥质土、松散砂、砾夹层等松软土层，易于坍落形成沉渣； （2）成槽后，孔底沉渣未清理干净； （3）槽孔口未保护好，上部行人、运输，槽口被扰动，虚土掉入孔内； （4）吊放钢筋笼和混凝土浇灌漏斗时，槽口土或槽壁土被碰撞，掉入槽孔内； （5）成孔后未能及时吊放钢筋笼和浇筑混凝土，槽孔被雨水冲刷或泥浆沉淀，又或者槽壁剥落沉淀，致使沉渣加厚
防治方法	（1）遇杂填土及各种软弱土层，成槽后应加强清渣工作，除在成孔后清渣外，在下钢筋笼后，浇筑混凝土前还应再测定一次槽底沉渣和沉淀物，如不合格，应再清渣一次，使沉渣厚度控制在规范允许范围以内； （2）保护好槽孔。运输材料、吊钢筋笼、浇筑混凝土等作业，应防止扰动槽口土和碰撞槽壁土掉入槽孔内； （3）清槽后，尽可能缩短吊放钢筋笼和浇筑混凝土的间隔时间，防止槽壁受各种因素剥落掉泥沉积； （4）经测定沉渣超过规范允许厚度时，应用空气吸泥法或吸力泵清渣。如将吸出泥浆的潜水砂泵和冲出泥浆的潜水砂泵组合放在槽底，进行冲吸，用多头钻进行清底作业。有时待沉积后，再次以抓斗下槽抓泥。如果还残余少量超厚泥渣清不干净时，可以用砂砾石填充，吊重铊夯击使混合密实，减少下沉
相关图片或示意图	

第二篇 桩基工程

第6章　旋挖钻孔灌注桩

6.1　基本介绍及适用范围

（1）旋挖钻孔灌注桩是指由旋挖钻机施工成孔后在孔内加放钢筋笼，灌注混凝土而成的桩型，全称旋挖钻孔灌注桩，工程上简称旋挖桩。

（2）旋挖钻孔灌注桩适用于黏性土、粉土、砂土、淤泥质土、回填土及含有部分卵石、碎石的土层、各类岩石及其组合岩层。工艺成熟，易控制质量，成本适中。适应性良好，广泛应用于各种岩土层。

（3）旋挖钻孔灌注桩按成孔、护壁方法可分为：干作业旋挖钻孔灌注桩、护筒护壁作业旋挖钻孔灌注桩、泥浆护壁作业旋挖钻孔灌注桩、复合工艺旋挖钻孔灌注桩。

（4）本施工手册适用于一般地质条件下的桩基础工程采用旋挖成孔的灌注桩施工。

6.2　主要规范标准文件

（1）《建筑地基基础设计规范》GB 50007；

（2）《岩土工程勘察规范》GB 50021；

（3）《工程测量标准》GB 50026；

（4）《膨胀土地区建筑技术规范》GB 50112；

（5）《建筑地基基础工程施工质量验收标准》GB 50202；

（6）《混凝土结构工程施工质量验收规范》GB 50204；

（7）《建筑工程施工质量验收统一标准》GB 50300；

（8）《混凝土结构工程施工规范》GB 50666；

（9）《混凝土结构施工图平面整体表示方法制图规则和构造详图》16G101-1、16G101-2、16G101-3；

（10）《钢筋焊接及验收规程》JGJ 18；

（11）《建筑机械使用安全技术规程》JGJ 33；

（12）《施工现场临时用电安全技术规范》JGJ 46；

（13）《建筑桩基技术规范》JGJ 94；

（14）《建筑基桩检测技术规范》JGJ 106；

（15）《钢筋机械连接技术规程》JGJ 107；

（16）《旋挖钻孔灌注桩施工技术规程》DBJ/T 45-007。

6.3 设备及参数

（1）旋挖钻机由液压履带式伸缩底盘、主机、自行起落可折叠桅杆、伸缩式钻杆、钻具，以及滑轮架、油缸、动力头等部件组成，旋挖钻机示意图如图 6.3-1 所示。

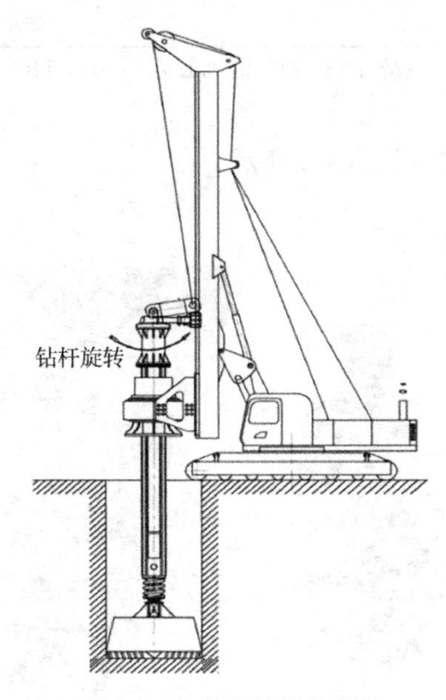

图 6.3-1 旋挖钻机示意图

（2）设备型号及参数

常见设备型号及主要技术参数见表 6.3-1，常用四类钻头适用地层见表 6.3-2。

常见设备型号及主要技术参数表 表 6.3-1

品牌	型号	发动机功率（kW）	最大扭矩（kN·m）	最大钻孔直径（m）	最大钻孔深度（m/min）
宝峨	BG25	194	245	2.0	72
宝峨	BG30	206	367	2.2	72
土力	SR-60	261	235	1.8	66
土力	SR-65	261	285	3.0	77
徐工	XR280D	298	280	2.5	88
徐工	XR320	298	320	2.5	90
徐工	XR360	298	360	2.5	102
金泰	SD28	263	286	2.0	100

常用四类钻头适用地层表 表 6.3-2

钻头类型		适用地层
按头部结构形式	锥头（嵌岩）	双头双旋适用于坚硬基岩；双头单旋适用于风化基岩、卵石等
	平头（土层）	适用于土层
按所装齿形成	截齿钻头	适用于硬基岩和卵砾石
	斗齿钻头	适用于土层
筒式钻头	截齿筒钻	适用于硬基岩和卵砾石
	牙齿筒钻	适用于坚硬基岩和大漂石
按开门数	单开门斗	适用于大直径的卵石及硬胶泥
	双开门斗	适用地层范围较宽

注：以上结构形式相互组合，再加上是否带通气孔、开门结构的变化，可以组合出十几种钻斗。

常用四类钻头如图 6.3-2 ~ 图 6.3-5 所示。

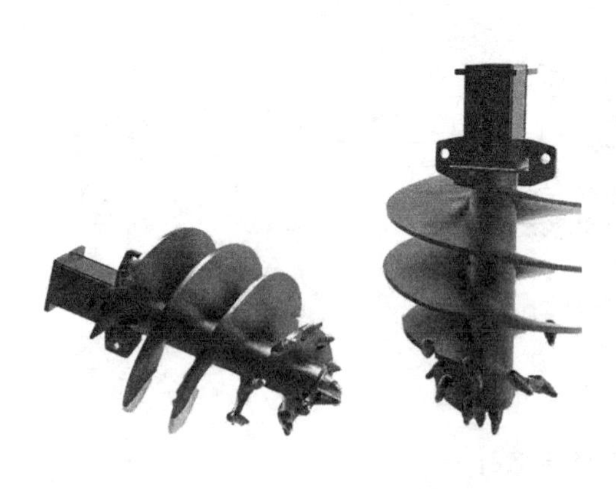

图 6.3-2 嵌岩（锥头）短螺旋钻头

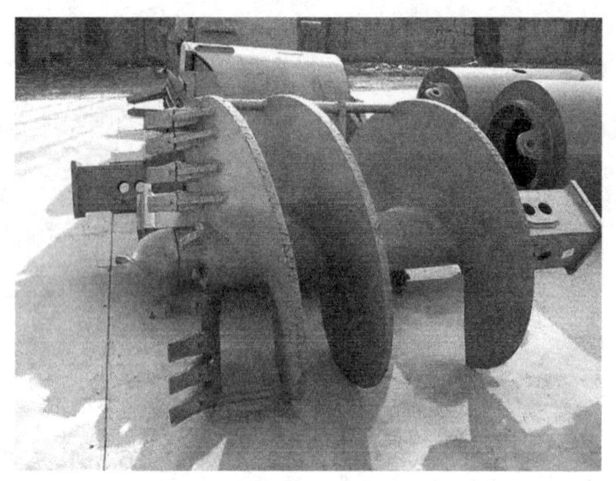

图 6.3-3 土层（平头）短螺旋钻头

图 6.3-4 斗齿钻头

图 6.3-5 截齿钻头

6.4　材料及参数

（1）宜采用和易性好、泌水性较小的预拌混凝土，其强度等级等参数应符合设计要求，并应符合现行国家标准《混凝土质量控制标准》GB 50164 中第 3 章相关规定。

（2）粗骨料宜选用粒径为 5 ~ 30mm 的级配良好的卵石或碎石，最大粒径不应大于钢筋净间距的 1/3。

（3）采用的钢筋品种、规格必须符合设计要求，应具有产品合格证和产品质量说明书，质量符合相关标准要求，并应有性能检验报告。

（4）选用混凝土外加剂时，应具有产品合格证和产品质量说明书，质量符合相关标准要求，并应有添加该外加剂的混凝土性能检验报告，种类和掺量根据施工季节通过配合比试验确定。

6.5　常规工艺流程及质量控制要点

6.5.1　施工工艺流程

常规工艺流程如图 6.5-1 所示。

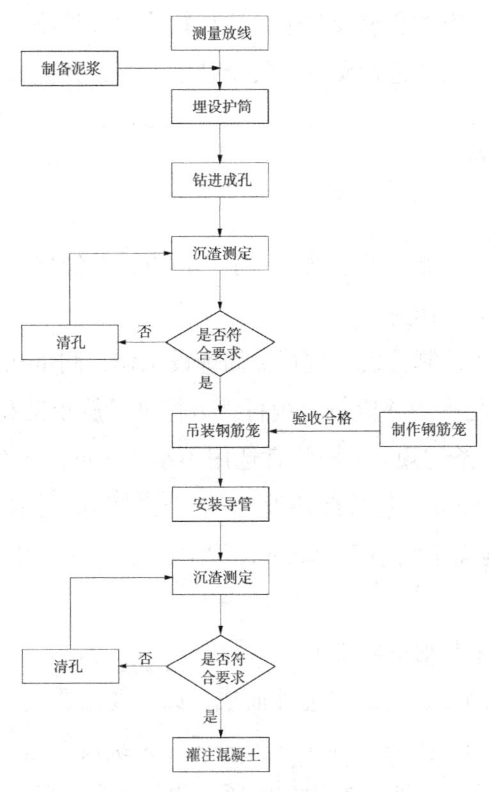

图 6.5-1　常规工艺流程图

6.5.2 施工准备

（1）旋挖钻孔灌注桩施工前应具备的资料：建筑场地岩土工程勘察报告、超前钻资料、桩基工程相关设计文件、场地与环境条件有关设计文件、施工组织设计及专项施工方案、原材料及制品的质检报告等相关资料。

（2）旋挖钻孔灌注桩施工前的设备准备：采用的设备应具有出厂合格证，其性能指标应符合现行有关标准的规定，并适合相应地层钻进。

（3）施工前应检查整套施工设备，保证设备状态良好，严禁带故障的设备进场。

（4）原材料应有出厂质量证明书或试验报告单，进场时应分批检验，并按现行有关技术标准的规定抽取试样进行复验，合格后方可使用。

（5）混凝土的质量和技术性能应符合现行国家标准《混凝土结构工程施工质量验收规范》GB 50204 的规定和设计要求，并应符合下列规定：

1）混凝土的粗骨料宜选用粒径为 5 ~ 30mm 的碎石或级配良好的卵石，最大粒径不应大于钢筋净间距的 1/3。

2）选用混凝土外加剂应有产品质量说明书和产品合格证，外加剂的质量和性能应符合现行有关标准的规定。

3）浇筑混凝土应采取相应措施保证成桩质量。

（6）安排材料进场，应按要求及时进行原材料检验和检测。

（7）开工前应对施工人员进行质量、安全技术教育，并完成技术交底。

6.5.3 施工工序要点

1. 放线定位

按桩位设计图纸要求，测设桩位轴线、定桩位点，并做好标记。

2. 埋设护筒（护筒护壁作业）

在每个桩位定出十字控制桩后，进行护筒埋设工作，测量孔深的基准点为护筒顶标高，根据顶标高计算出孔深。并应符合现行地方标准《旋挖钻孔灌注桩施工技术规程》DBJ/T 45-007 中第 5.5.2 条的规定：护筒宜选用不小于 10mm 的钢板制作，护筒内径宜大于钻头直径 200 ~ 300mm，上部宜开设 1 ~ 2 个溢浆孔，钢护筒的直径误差应小于 10mm。护筒顶部高出地面不宜小于 300mm，周围夯实，护筒中心与桩位中心的偏差不得大于 50mm。

3. 泥浆制备（干孔作业则不需要）

泥浆材料宜采用膨润土、自来水搅拌而成，如现场土质及量不能满足使用要求时，可以通过购买成品泥浆来保障正常施工。泥浆循环系统设置循环池、储浆池和沉淀池，为尽量减小对原状土的扰动，所有池均需要通过测量确定位置，将泥浆池挖在没有桩的部位。泥浆在存放过程中不断地用泵搅拌循环池泥浆，使之保持流动状态，现场检查三个指标：相对密度、含砂率、黏度，泥浆的技术指标符合：相对密度为 1.1 ~ 1.25；含砂率不大于 8%；黏度为 18 ~ 28s。钻进过程中要严格控制泥浆相对密度，泥浆相对密度大会造成桩身夹泥或钢筋笼上浮甚至钢筋笼变形，避免泥浆相对密度过小，导致塌孔。

4. 钻进成孔

钻机就位时底座必须保持平稳，不发生倾斜移位，钻头中心采用定位器对准桩位。垂直度采用钻机自身的垂直检测装置控制，并辅以人工量测倾斜量。孔斜采用自制孔规进行测量，桩垂直度≤ 1% 桩长。钻机对位应以四角桩控制，钻头对准十字线交点，符合要求后开始钻进。在钻孔时，要慢速运转，掌握地层对钻机的影响情况，以确定在该地层条件下的最优钻进参数，为后续工程桩的施工提供依据。在钻机开始钻孔后护筒沉降，桩口周围地面变形稳定后及时测得护筒面和原地面标高。在钻进过程中，根据地质情况控制进尺速度：由硬地层钻到软地层时，可适当加快钻进速度；当软地层变为硬地层时，要减速慢进；在易缩径的地层中，应适当增加扫孔次数，防止缩径，对硬地层采用快钻速钻进，以提高钻进效率，砂层则采用慢钻速钻进并适当增加泥浆相对密度和黏度。要经常检查钻斗尺寸，观察岩性变化，并做好施工记录，确保桩端达到设计深度满足设计要求。施工过程中如发现地质情况与原钻探资料不符应立即通知相关部门及时处理。钻进成孔如图 6.5-2 所示。

图 6.5-2 钻进成孔

5. 钢筋笼制作

钢筋笼制作长度按照设计要求数据计算下料，钢筋笼在现场制作。钢筋笼制作完，应对钢筋笼进行编号，编号与桩号对应。钢筋笼须验收合格后方可使用。

6. 清孔

孔深可用专用测绳测定，孔底沉渣厚度为钻深与孔深之差。若孔底沉渣厚度不满足现行国家标准《建筑地基基础工程施工质量验收标准》GB 50202 中第 5.6 节的相关规定时，须对孔底进行清理。灌注混凝土之前，应对孔深再进行测量，若沉渣不满足设计、规范要求，须进行二次清孔。清孔完毕，应进行隐蔽工程验收，合格后应立即进行下一道工序。

7. 钢筋笼吊装

钢筋笼经验收合格后，起吊钢筋笼采用平行起吊空中转体方式。钢筋笼吊至离地面 0.3 ~ 0.5m 后，应检查钢筋笼是否平稳。主吊慢慢起钩，根据钢筋笼尾部距地面距离，随时指挥副吊配合起钩。缓慢起吊，离地后保证钢筋笼整体平衡稳定。钢筋笼吊起后，主吊车主钩慢慢起钩提升，副吊车主钩与副钩配合，保持钢筋笼距地面有一定的安全距离，并使钢筋笼垂直于地面。

8. 导管安装

采用直径 300mm 导管，导管接头宜采用法兰或双螺纹方扣快速接头，底管长度为 4m，中间每节长度一般为 2.5m。在导管使用前，必须对导管进行外观检查、对接检查。确保导管的水密性、承压性和抗拉伸性能。导管在孔口连接处应牢固，设置密封圈，吊放时，应使位置居中，轴线顺直，稳定沉放，避免刮撞孔壁。

9. 混凝土灌注

使用的商品混凝土应具有良好的和易性，坍落度在 180 ~ 220mm 之间，扩散度一般大于 55cm，商品混凝土进入现场后，试验员必须对每车混凝土进行坍落度和扩散度测试，达不到规范要求的混凝土坚决不用；开始灌注混凝土时，应保证足够的混凝土储备量，确保导管第一次埋入混凝土灌注面以下不应少于 1m。随后连续灌注，并确保导管在混凝土灌注面以下 2 ~ 6m。灌注桩身混凝土应随灌随拔，灌注过程中应采用测绳测量浇筑高度；灌注水下混凝土必须连续无中断，每根桩的灌注时间应按初盘混凝土的初凝时间控制，对灌注过程中的故障应记录备案。应控制最后一次灌注量，桩顶混凝土超灌高度应不小于 0.8 ~ 1.0m。

6.5.4 质量控制要点

1. 测放桩位

（1）根据建筑物定位轴线，由专职测量人员按桩位平面图准确无误地将桩位放样到现场，现场桩位放样采用插木签加警示袋作为桩位标识，如图 6.5-3、图 6.5-4 所示。

（2）桩位允许偏差应符合现行行业标准《建筑桩基技术规范》JGJ 94 相关要求。

（3）桩位放样后经自检无误，填写《楼层平面放线记录》和《施工测量放线报验表》。

2. 成孔

（1）钻进过程中应注意观察岩性变化，做好施工记录，确保桩端进入持力层满足设计要求。施工过程中如发现地质情况与原钻探资料不符应立即通知相关部门及时处理。

（2）桩成孔质量检查内容：孔的中心位置（桩位）、孔深、孔径、垂直度、桩顶、底标高、孔底沉渣厚度、桩端持力层核验、相邻桩刚性角要求（施工时应先施工桩底标高较深桩）。

图6.5-3 测量护筒偏差

图6.5-4 桩位标识

3. 清孔

（1）清孔的目的是清除孔底沉渣，而孔底沉渣则是影响灌注桩承载能力的主要因素之一，因此必须确保清孔彻底、充分。

（2）一次清孔：灌注桩成孔至设计标高后，利用清孔器在原位进行第一次清孔，一次清孔的目的是将孔内的颗粒状物排出孔外，减少孔底沉渣，节省二次清孔时间。在测得孔底沉渣厚度满足现行国家标准《建筑地基基础工程施工质量验收标准》GB 50202中相关规定时，及时吊放钢筋笼。

（3）二次清孔：经过安放钢筋笼、焊接、下放导管等过程，由于孔内泥浆处于静止状态，原来悬浮在泥浆中的泥、砂砾和石屑会沉入孔底，同时，安放钢筋笼和导管时也会擦碰孔壁使泥砂落入孔内，为此，在混凝土灌注前应进行第二次清孔。二次清孔应做到边循环清孔边测孔底沉渣，当孔底沉渣厚度满足现行国家标准《建筑地基基础工程施工质量验收标准》GB 50202 中第 5.6 节相关规定及设计要求时，应立即进行水下混凝土的灌注工作。

（4）施工过程应根据不同的施工设备、设计要求及地层条件，来合理选用清孔方法：

1）抽浆法清孔：即正循环“吸渣”。以空气吸泥机或吸泥泵将孔底沉渣直接吸出，优点是清孔较彻底，且清孔速度快，但在孔壁易坍塌的桩孔中应谨慎使用。

2）换浆法清孔：即反循环“浮渣”。保持泥浆正常循环，将钻孔内钻渣悬浮较多的泥浆换出，采用该法清孔不易引起塌孔，但清孔速度慢，须控制好泥浆指标及清孔时间，否则清孔效果难以保证。

3）掏渣法清孔：先采用机械掏渣法进行初步清孔，待较大颗粒沉渣清理完毕后，可换用换浆法进一步清孔，同时降低孔内泥浆密度。

4）喷射法清孔：对孔底进行高压射水或射风数分钟，使沉淀物悬浮，用混凝土顶出桩口，该法仅宜作为其他方法清孔的辅助手段。该法对嵌岩桩较适用。

4. 钢筋笼制作与安装

（1）钢筋品种、级别、规格、数量应符合设计要求，钢筋笼制作与安装必须符合设计要求，其允许偏差见表 6.5-1。

钢筋笼制作与安装允许偏差表　　表 6.5–1

项目	序号	检查项目	允许偏差或允许值		检查方法
			单位	数值	
主控项目	1	主筋间距	mm	± 10	用钢尺量
	2	长度	mm	± 100	用钢尺量
一般项目	1	钢筋材质检验	设计要求		抽样送检
	2	箍筋间距	mm	± 20	用钢尺量
	3	直径	mm	± 10	用钢尺量

（2）钢筋笼制作长度超过 25m 时宜分段制作，钢筋接头应采用焊接或机械连接（钢筋直径≥ 22mm），连接时 50% 的钢筋头应予错开搭接。搭接区段范围内，一根钢筋不得有两个接头，并应遵守现行国家标准《混凝土结构工程施工质量验收规范》GB 50204，现行行业标准《钢筋焊接及验收规程》JGJ 18 和《钢筋机械连接技术规程》JGJ 107 的规定，以及现行广西地方标准《旋挖钻孔灌注桩施工技术规程》DBJ/T 45-007 中第 6 章的规定，钢筋笼验收如图 6.5-5 所示。

（3）外箍筋布置应圆顺，间距应均匀一致；箍筋加密段位置应准确，加密范围应满足设计要求；外箍筋与主筋连接应牢固可靠，不允许出现焊点脱开或绑扎松动现象，箍筋接长应符合规范要求。

（4）加劲箍筋采用焊接连接，内箍筋截面应垂直主筋方向安放，与主筋焊接应可靠，内箍筋封闭焊接应满足单面 10d、双面 5d 的连接要求。焊缝的有效厚度不小于主筋直径的 30%，焊缝宽度不应小于主筋直径的 80%。

（5）钢筋焊接应饱满，无气孔、夹渣等焊接不良现象，焊接长度应满足规范要求。

（6）钢筋笼焊接成型后应整体性良好，满足吊装要求。

（7）成品钢筋笼注意保护，防止生锈、污染、变形，并应编号，以防混用。

5. 声测管安装（设计图纸说明有要求时）

（1）桩基声测管的连接

声测管采用的品种、规格必须符合设计及现行国家标准《混凝土灌注桩用钢薄壁声测管》GB/T 31438 相关要求，应有产品质量说明书和产品合格证，质量符合相关标准要求，并应有性能检验报告。声测管底部出厂时已经封死，声测管顶部采用橡皮塞封堵，防止泥浆进入。声测管为全桩长布置，分段的连接一般采用以下 4 种方式：法兰盘螺栓连接、套筒式焊接、套筒式钢丝绑扎、螺栓扣套筒连接。现在，实际生产中出现了一种新型的冷挤压连接方式，如图 6.5-6 所示。

图 6.5-5　钢筋笼验收

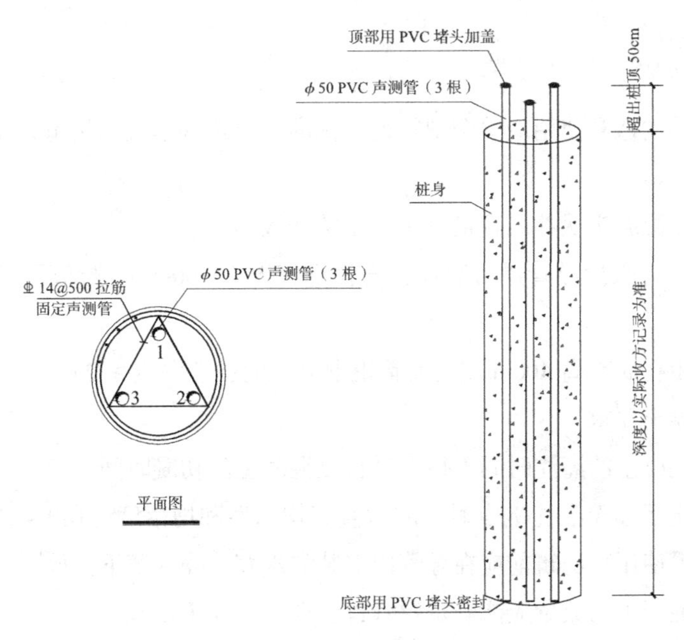

图 6.5-6　声测管安装示意图

（2）桩基声测管的施工顺序

1）声测管制作加工。声测管进场后首先要检查管壁是否有破损，接头处是否合格；其次确定声测管的分段长度。声测管的长度需要根据钢筋笼的分段长度进行确定，不能过长也不能过短，否则无法对上下两节声测管进行连接。声测管一般出厂长度为 12m、9m 和 3m，根据钢筋笼长度合理搭配声测管型号。声测管的底节在加工厂直接与接地钢筋和加强筋绑扎连接好，连接时应注意每道加强筋处都应将声测管进行绑扎，防止连接不牢固发生脱落现象。

①桩径在 0.6 ~ 1.0m 之间，中心点三点一线布置两根。

②桩径在 1.0 ~ 2.5m 之间，布置 3 根，位置为 3 根声测管呈正三角形布置。

③桩径大于 2.5m 时，布置四根，位置要求四根声测管连接正方形布置。

2）声测管的安装。底节声测管与接地钢筋和加强筋是已经绑扎连接好的，可以直接利用吊车进行吊放。底笼吊放至笼顶靠近钻机作业平台位置时，用钢柱或钢轨穿过加强筋位置并放置在作业平台上，进行第二节声测管吊放。因要调整第二节笼的声测管位置，所以第二节声测管是活动的，吊装时需要用钩子临时固定到接地钢筋和加强筋上。第二节笼与底笼连接先焊接接地钢筋，然后调整第二节笼中声测管的高度，连接声测管。依此顺序完成所有的钢筋笼吊装作业，声测管的顶部需要及时安装木塞或者橡胶套，防止泥浆进入声测管。

6. 钢筋笼吊装

搬运和吊装钢筋笼时，应防止变形，安放应对准孔位，避免碰撞孔壁和自由落下，就位后应立即固定。

7. 导管安装

（1）导管的构造和使用应符合现行行业标准《建筑桩基技术规范》JGJ 94 中的相关规定。

（2）应禁止混凝土从井口直接倒车或抛铲卸入。

（3）施工中应采用导管进行灌注，直径不宜大于 300mm，导管下端距混凝土面保持 2m 为宜。

（4）导管距孔底距离 40cm 左右，首批混凝土灌注埋深应≥ 2.0m。

8. 灌注混凝土要求

（1）水下混凝土的灌注时间不得超过首批混凝土的初凝时间。

（2）混凝土运输至灌注地点时，应检查其均匀性和坍落度（180 ~ 220mm）等，不符合要求的不得使用，浇筑前应在导管内安装隔水塞，隔水塞下方放隔水球塞。

（3）首批混凝土的数量应能满足导管首次埋深不少于 1m。

（4）首批混凝土入孔后，混凝土应连续灌注，不得中断。

（5）灌注过程中，应保持孔内的水头高度；导管的埋置深度宜控制在 2 ~ 6m，严禁将导管提出混凝土灌注面，并应控制提拔导管速度，应有专人测量导管埋深及管内外混凝土灌注面的高差，填写水下混凝土灌注记录。

（6）灌注时应避免钢筋笼上浮。当灌注的混凝土顶面距离钢筋骨架底部 1m 左右时，应增大坍落度，降低灌注速度，混凝土顶面上升到钢筋笼底部 4m 以上时，宜提升导管，使其底口高于骨架底部 2m 以上后再恢复正常灌注速度。

（7）在浇筑将近结束时由于导管内混凝土高度减小，压力降低，而导管外的泥浆及所含渣土稠度增加，发生浇筑困难时可在孔内加水稀释泥浆，并掏出部分沉淀渣土使浇筑工作顺利进行。

（8）应控制最后一次灌注量，超灌高度宜为 0.8 ~ 1.0m，凿除泛浆高度后必须保证暴露的桩顶混凝土强度达到设计等级。

（9）在混凝土浇筑过程中应符合现行行业标准《建筑桩基技术规范》JGJ 94 中的相关规定，并及时、准确地填写《旋挖灌注桩浇灌记录》。

灌注混凝土现场如图 6.5-7 所示。

图 6.5-7 灌注混凝土

6.5.5 标准试件制作及养护

（1）混凝土强度试件应在混凝土的浇筑地点随机抽取。取样与试件留置应符合如下规定：

1）现行行业标准《建筑桩基技术规范》JGJ 94 的要求：直径大于 1m 的桩或单桩混凝土量超过 $25m^3$ 的桩，每根桩桩身混凝土应留有 1 组试件；直径不大于 1m 的桩或单桩混凝土量不超过 $25m^3$ 的桩，每个灌注台班不得少于 1 组；每组试件应留 3 件。

2）现行国家标准《建筑地基基础工程施工质量验收标准》GB 50202 第 5.1.4 条要求，每灌注 $50m^3$ 必须有 1 组试件，小于 $50m^3$ 的桩，每根桩必须有 1 组试件。

3）每次取样应至少留置一组标准养护试件，同条件养护试件的留置组数应根据实际需要确定。

（2）标准试件养护

1）同条件养护试件拆模后，应放置在靠近相应结构构件或结构部位的适当位置，并应采取相同的养护方法。

2）同条件自然养护试件的等效养护龄期及相应的试件强度代表值，宜根据当地的气温和养护条件，按下列规定确定：

①等效养护龄期可取按日平均温度逐日累计达到600℃时所对应的龄期，0℃及以下的龄期不计入；等效养护龄期不应小于14d，也不宜大于60d。

②同条件养护试件的强度代表值根据强度试验结果按现行国家标准《混凝土强度检验评定标准》GB/T 50107的规定确定后，再乘折算系数取用；折算系数宜取为1.10，可以根据当地的试验统计结果进行适当的调整。

6.5.6 破桩头

（1）通过测量挂线确定每根桩的桩顶设计标高,并在桩头用红油漆或墨线进行标识。

（2）旋挖钻孔灌注桩因施工工艺及设计要求，混凝土必须浇灌至比设计桩顶超高浇灌不小于0.5m的高度，以确保正常段桩身混凝土强度等级达到设计要求。因此等土方工程施工后，旋挖钻孔灌注桩皆需要截掉桩头混凝土至设计标高处。旋挖钻孔灌注桩需要截桩的长度为0.8～1m。

6.6 检验与验收

6.6.1 一般规定

（1）桩基工程应进行桩位、桩长、桩径、桩身质量、垂直度及承载力检验。

（2）混凝土、钢筋等原材料的质量、检验项目、批量和检验方法，应符合现行国家标准的规定。

1）钢材检验批：由同一牌号、同一炉罐号、同一规格的钢筋组成。每批重量通常不大于60t，超过60t的部分，每增加40t（或不足40t的余数），增加一个拉伸试验试样和一个弯曲试验试样。

2）检查混凝土配合比试验单。

3）钢筋笼制作应对钢筋规格、焊条规格、品种、焊口规格、焊缝长度、焊缝外观和质量、主筋和箍筋的制作偏差等进行检查，钢筋笼制作允许偏差应符合规范的要求。

6.6.2 检验与检测

（1）施工前应检验桩位，桩位偏差应符合现行国家标准《建筑地基基础工程施工质量验收标准》GB 50202中的相关规定。

（2）施工前检验：使用预拌混凝土的，应有产品合格证和搅拌站提供的质量检查资料。

（3）施工过程中检验：灌注混凝土前，对已成孔的中心位置、孔深、孔径及垂直度进行检验，混凝土灌注质量检验标准见表 6.6-1。

混凝土灌注质量检验标准 表 6.6-1

项目	序号	检查项目		允许偏差或允许值		检查方法
				1～3 根、单排桩基垂直于中心线方向和群桩基础的边桩	条形桩基沿中心线方向和群桩基础的中间桩	
主控项目	1	桩位	$D \leqslant 1000$mm	$D/6$，且不大于 100mm	$D/4$，且不大于 150mm	基坑开挖前量护筒，开挖后量桩中心
			$D > 1000$mm	$100+0.01H$	$150+0.01H$	
	2	孔深		+300mm		只深不浅，用重锤测或测钻杆、套管长度，嵌岩桩应确保进入设计要求的嵌岩深度
	3	桩体质量检验		如岩芯取样，大直径嵌岩桩应钻至桩尖下 50mm		按现行行业标准《建筑桩基技术规范》JGJ 94 相关要求
	4	混凝土强度		设计要求		试块报告或钻芯取样送检
	5	承载力		按现行行业标准《建筑桩基技术规范》JGJ 94 相关要求		按现行行业标准《建筑桩基技术规范》JGJ 94 相关要求
一般项目	1	垂直度		＜ 1%		测套管或钻杆，或用超声探测。干施工时吊垂球
	2	桩径		± 50mm		井径仪或超声波检测，干施工时用尺量，人工挖孔桩不包括内衬厚度
	3	泥浆相对密度（黏土或砂性土中）		1.15～1.20		用相对深度计测，清孔后在距孔底 50cm 处取样
	4	泥浆面标高（高于地下水位）		0.5～1.0m		目测
	5	混凝土坍落度		mm	180～220	坍落度仪
	6	钢筋笼安装深度		± 100mm		尺量
	7	混凝土充盈系数		＞ 1		检测每根桩的实际灌注量
	8	桩顶标高		mm	+30，−50	水准仪，须扣除桩顶浮浆层及劣质桩体
	9	沉渣厚度：端承型桩 摩擦型桩		mm	≤ 50 ≤ 100	用沉渣仪或重锤测量

注：桩径允许偏差的负值是指个别断面。

6.6.3 检测前准备

（1）施工完成后允许偏差应符合现行行业标准《建筑桩基技术规范》JGJ 94 中的规定。

（2）现场检测前应调查、收集下列资料：

1）收集被检测工程的岩土工程勘察资料、桩基或地基设计图纸、施工记录，了解施工工艺和施工中出现的异常情况；

2）明确委托方的具体要求。

（3）应根据调查结果和检测目的，选择检测方法并制定检测方案。检测方案宜包含以下内容：工程及地质概况、检测方法及其依据的标准、抽样方案、所需的机械或人工配合、试验周期。

（4）检测开始时间应符合下列规定：

1）应采用低应变法检测旋挖钻孔灌注桩，受检桩混凝土强度至少达到设计强度的70%，且不小于15MPa。

2）低应变动检测桩身完整性，检测桩数不宜小于总桩数的20%，且不得少于5根。

3）当根据低应变检测法判定的桩身完整性为Ⅲ或Ⅳ类桩时，应采用钻心法进行验证，并扩大低应变动检测法检测的数量。

（5）验收检测的受检桩选择需符合下列规定：

1）施工质量有疑问的桩；

2）设计方认为重要的桩；

3）局部地质条件出现异常的桩；

4）施工工艺不同的桩；

5）承载力验收检测时适量选择完整性检测中判定为Ⅲ、Ⅳ类的桩；

6）除上述规定外，同类型桩宜均匀随机分布。

（6）检测报告应结论明确、用词规范。检测报告应包含以下内容：

1）委托方名称，工程名称、地点，建设、勘察、设计、监理和施工单位名称，基础与结构型式；

2）建筑层数、设计要求、检测目的、依据、检测数量和检测日期；

3）地质条件描述；

4）受检桩的桩型、尺寸、桩号、桩位、桩顶标高和相关施工记录，检测方法、检测仪器设备和检测过程叙述，受检桩的检测数据、实测与计算分析曲线、表格和汇总结果；

5）与检测内容相应的检测结论。

6.6.4 施工质量验收重点

（1）质量验收组织和程序

质量验收符合现行国家标准《建筑工程施工质量验收统一标准》GB 50300中的规定：

1）检验批及分项工程应由监理工程师（建设单位项目技术负责人）组织。

2）施工单位项目专业质量（技术）负责人等进行验收。

3）分部工程应由总监理工程师（建设单位项目负责人）组织施工单位项目负责人和技术、质量负责人等进行验收；地基与基础、主体结构分部工程的勘察、设计单位工程项目负责人和施工单位技术、质量部门负责人也应参加相关分部工程验收。

（2）桩基子分部工程质量验收合格应符合下列规定：

1）分部（子分部）工程所含分项工程的质量均应验收合格。

2）质量控制资料应完整。

3）地基与基础、主体结构和设备安装等分部工程有关安全及功能的检验和抽样检测结果应符合有关规定。

4）观感质量验收应符合要求。

（3）要点：灌注桩工程是地基基础分部工程当中的一个子分部工程，其施工质量直接影响工程结构安全，同时，灌注桩又是后续工序会对其进行隐蔽的工程，因此，有必要在该项工程完成后及时实施质量验收，以保证后续结构的安全，减少不必要损失。

（4）验收组织：桩基子分部验收由建设单位组织，参加单位为建设单位项目负责人、施工单位项目经理和项目技术及质量负责人、监理单位总监理工程师、勘察及设计单位工程项目负责人等。

（5）验收程序：旋挖成孔灌注桩工程质量验收应在施工单位自检合格的基础上进行。

（6）验收内容：

1）岩土工程勘察报告、桩基础施工图纸及会审纪要、设计变更及材料代用通知单；

2）经审定的施工组织设计及变更情况记录等；

3）桩位测量放线图和工程桩位复核签证单；

4）各种原材料试验检验资料；

5）施工日志、成桩质量检查记录、隐蔽工程验收记录等施工记录；

6）混凝土检测报告及评定资料；

7）桩身完整性检测、承载力检测报告；

8）桩基竣工平面图及桩顶标高记录；

9）其他相关资料。

6.7　质量通病防治

质量通病防治见表 6.7-1。

质量通病防治　　表 6.7-1

质量通病	护筒外壁冒水
形成原因	（1）埋设护筒时周围土不密实； （2）旁护筒水位差太大； （3）钻头起落时碰撞

续表

质量通病	护筒外壁冒水
防治方法	（1）埋设护筒时坑底与周围要选用最佳含水量的黏土分层夯实； （2）在护筒适当高度开孔，使护筒内保持有 1.0 ~ 1.5m 的水头高度； （3）起落钻头时防止碰撞护筒； （4）发现护筒冒水时可用黏土在周围填实加固，如护筒严重下沉或位移则应重埋
质量通病	塌孔
形成原因	（1）土质松散，泥浆选择不当，泥浆相对密度不稳定、相对密度不够； （2）护筒直径偏小、长度不够； （3）水头压力小或出现承压水，钻头钻速过快或空转时间太长都易引起钻孔下部坍塌； （4）成孔后待灌时间和灌注时间过长，补浆不及时
防治方法	在松散易塌土层中适当埋深护筒，密实回填土，根据土层不同选配与之相适应的泥浆；要把护筒下牢与孔位同心，如地下水位变化大，采取升高护筒的办法，增大水头；松散地层钻进时，适当控制钻进速度，提钻速度要均匀；补浆要及时，要尽快灌注，灌注时间不超过 3.5h
相关图片或示意图	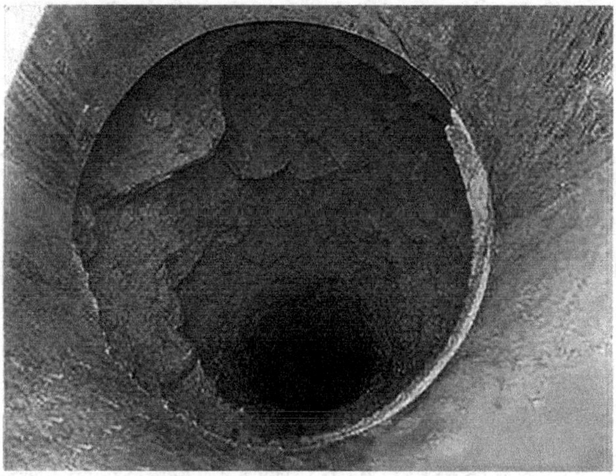
质量通病	在硬可塑黏土层中钻进极慢或不进尺
形成原因	钻头选型不当，合金刀具安装角度欠妥，刀具切土过浅，钻头配重过轻，钻头被黏土糊满
防治方法	更换或改造钻头，重新安排刀具角度、形状、排列方向，加大配重、加强排渣，降低泥浆相对密度
相关图片或示意图	
质量通病	掉钻头、钻头底板脱落
形成原因	（1）钻进时进尺太长或孔壁坍塌，造成钻头和钻杆埋入孔中； （2）孔口塌陷或机械操作失误使孔口的钻头掉入； （3）提钻时受阻或施工中钢丝绳拉断，造成钻头和钻杆埋入孔中。工作扭矩过大，造成钻杆断裂，连接销或提引器损坏造成掉钻

续表

质量通病	掉钻头、钻头底板脱落
防治方法	（1）控制钻进进尺长度，钻进过程中根据地层情况调整泥浆特性，确保孔壁稳定； （2）将钻头等杂物远离孔口放置，护筒顶口周边夯实，封闭地表水； （3）提钻时加强监视卷扬压力表，钻进时确保垂直度，提钻时发现压力突变时，及时调整方向； （4）经常检查钢丝绳状况，勤更换。班组施工过程中对连接销、钻杆和提引器等设备勤做检查保养
质量通病	孔底沉渣过多
形成原因	（1）清孔未净，工序质量控制不到位，清孔泥浆相对密度过小或清水置换； （2）钢筋笼吊放未垂直对中，碰刮孔壁泥土坍落孔底，待灌时间过长，泥浆沉淀，又不采取措施再清孔； （3）沉渣厚度测量的孔底标高不统一
防治方法	（1）循环清孔时间不少于30min； （2）清孔采用优质泥浆，控制泥浆相对密度和黏度不要直接用清水置换； （3）钢筋笼垂直缓放入孔，孔深量测部位与沉渣量测部位要一致，一般是孔中心； （4）加大初灌混凝土量，以提高混凝土初灌时对孔底的冲击力； （5）成孔后，尽量缩短下钢筋笼导管的时间； （6）用清底钻头清理孔底沉渣，清孔后泥浆黏度应控制在18～20s，含砂率≤4%
相关图片或示意图	
质量通病	缩孔
形成原因	（1）软土层受地下水影响和周边车辆振动； （2）塑性土膨胀，造成缩孔； （3）钻具磨损过甚，焊补不及时
防治方法	（1）在软塑土层采用失水率小的优质泥浆降低失水量； （2）成孔时，应加大泵量，加快成孔速度，快速通过，在成孔一段时间内，孔壁形成泥皮； （3）及时焊补钻具，或在其外侧焊接一定数量的合金刀片，在钻进或起钻时起到扫孔作用； （4）如出现缩孔，采用上下反复扫孔的方法，以扩大孔径
质量通病	断桩、夹泥、堵管
形成原因	（1）初灌时堵管，开盘混凝土坍落度过小或拌合不均匀，导致粗骨料相互挤压密实而堵塞导管； （2）灌注过程中堵管，导管漏气，密封不严，使泥浆渗入； （3）灌注时间过长，上部混凝土近初凝，泥浆中残渣不断沉淀，使混凝土的灌注极为困难； （4）浇筑混凝土过程中，突然灌注大量的混凝土使导管内空气不能马上排出，可能导致堵管； （5）混凝土级配不好、和易性差或离析导致堵管；导管清洗不到位，内壁粘结混凝土，使导管孔径太小造成堵管；浇筑过程中埋管过深
防治方法	（1）发生堵管时，在导管上部可用钢筋疏通，如发生堵管在导管下部，上下抖动、振击导管； （2）采用二次埋管方法，一是采用砂浆重新埋管3m后继续进行水下浇筑混凝土施工；二是导管底端加底盖阀，插入混凝土面1.0m左右，导管料斗内注满混凝土时，将导管提起约0.5m，底盖阀脱掉，即可继续进行水下浇筑混凝土施工； （3）为防止发生断桩、夹泥、堵管等现象，在混凝土灌注时应加强对混凝土搅拌时间和混凝土坍落度的控制；

续表

质量通病	断桩、夹泥、堵管
防治方法	（4）导管在混凝土面的埋置深度一般宜保持在 2 ~ 4m，不宜大于 5m 和小于 1m，严禁把导管底端提出混凝土面。当灌注至距桩顶标高 8 ~ 10m 时，应及时将坍落度调小至 12 ~ 16cm，以提高桩身上部混凝土的抗压强度； （5）在施工过程中，要控制好灌注工艺和操作，抽动导管使混凝土面上升的力度要适中，保证有程序地拔管和连续灌注，升降的幅度不能过大
相关图片或示意图	
质量通病	堵管、埋管
形成原因	在灌注过程中，导管埋深过大，以及灌注时间过长，且混凝土和易性稍差，导致已灌混凝土流动性降低，从而增大混凝土与导管壁的摩控力，造成埋管
防治方法	（1）若不能及时供应混凝土，导管插入混凝土中的深度以 5 ~ 6m 为宜，每隔 15min 左右，将导管上下活动几次，幅度以 2.0m 左右为宜，以免使混凝土产生初凝假象； （2）严格控制混凝土坍落度
相关图片或示意图	
质量通病	钢筋笼上浮或下沉
形成原因	（1）混凝土流动性过小，导管在混凝土中埋置深度过大； （2）导管发生挂笼现象，混凝土下沉太快，瞬时反冲力使钢筋笼上浮； （3）桩孔倾斜，钢筋笼随之而变形，增加了混凝土上升力； （4）钢筋笼与孔口固定不变，在自重及受压时将钢丝拉长而下沉； （5）钢筋笼自重太轻，被混凝土顶起

续表

质量通病	钢筋笼上浮或下沉
防治方法	（1）可采用吊装加套等方法顶住钢筋笼上口； （2）混凝土面接近笼底时要控制好灌注速度，尽可能减少混凝土从导管底口出来后对钢筋笼的冲击力； （3）混凝土接近笼底时控制导管底口出来后对钢筋笼的冲击力；混凝土接近笼底时控制导管埋深在1.5～2.0m； （4）每浇灌一斗混凝土，检查一次埋深，勤测深，勤拆管，直到钢筋笼埋牢后恢复正常埋置深度； （5）导管钩挂筋笼时下降转动导管后上提
相关图片或示意图	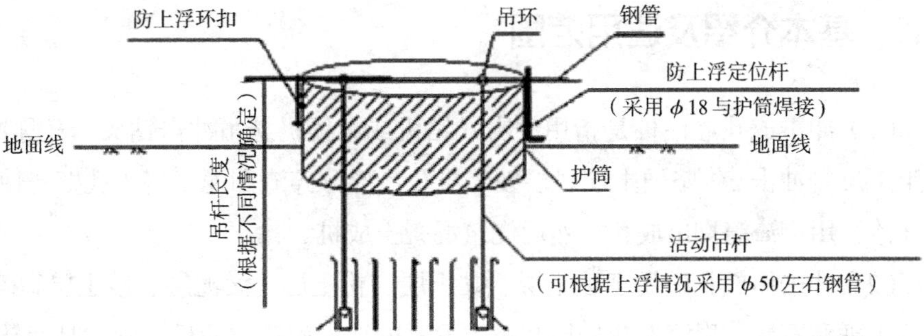 防上浮环扣 吊环 钢管 防上浮定位杆 （采用 ϕ18与护筒焊接） 地面线 地面线 护筒 吊杆长度 （根据不同情况确定） 活动吊杆 （可根据上浮情况采用 ϕ50左右钢管）

第7章 冲击成孔灌注桩

7.1 基本介绍及适用范围

（1）冲击成孔灌注桩是指用冲击式钻机或卷扬机悬吊冲击钻头（又称冲锤），在桩位上下反复冲击.将坚硬土或岩层破碎成孔，部分碎渣和泥浆挤入孔壁，使其大部分成为泥渣，用掏渣筒掏出成孔，然后浇筑混凝土成桩。

（2）冲击钻成孔适用于填土层、黏土层、粉土层、淤泥层、砂土层和碎石土层；也适用于砾卵石层、岩溶发育岩层和裂隙发育的地层施工，而后者常常是回转钻进和其他钻进方法施工困难的地层。

（3）桩孔直径通常为 $\Phi600 \sim \Phi1500$，最大直径 $\Phi2500$，钻孔深度一般为 50m 左右，某些情况下可超过 100m。

（4）优点是对邻近建筑物及周围环境的有害影响小；桩长和直径可按设计要求变化自如；桩端可进入持力层或嵌入岩层；单桩承载力大等。

7.2 主要规范标准文件

（1）《岩土工程勘察规范》GB 50021；

（2）《建筑地基处理技术规范》JGJ 79；

（3）《建筑桩基技术规范》JGJ 94；

（4）《混凝土质量控制标准》GB 50164；

（5）《混凝土强度检验评定标准》GB/T 50107；

（6）《混凝土结构工程施工质量验收规范》GB 50204；

（7）《建筑工程施工质量验收统一标准》GB 50300；

（8）《建筑地基基础工程施工质量验收标准》GB 50202；

（9）《建设工程质量管理条例》；

（10）《建设工程安全生产管理条例》；

（11）其他现行相关规范标准、文件等。

7.3 设备及参数

（1）冲击钻机主要由钻机或桩架（包括卷扬机）、冲击钻头、掏渣筒、转向装置和打捞装置等组成，如图 7.3-1 所示。

图 7.3-1 冲击钻机

（2）常见设备型号及参数

1）常见设备型号及主要技术参数见表 7.3-1。

常见设备型号及主要技术参数表 表 7.3-1

序号	型号	钻孔直径（mm）	钻孔深度（m）	输入功率（kW）	最大压桩速度（min/m）	适用领域
1	CK600	1800	60	75	12	—
2	CK1200	300	80	35	5	勘探
3	CK1500	1500	20	40	5	桥梁
4	CK1800	1800	40	45	10	—
5	CK2000	2000	80	35	5	—
6	CK2200	1500	80	25	10	—
7	CK2600	1200	60	25	12	—
8	CK3500	1200	80	23	12	—

2）双绳冲抓锥示意图、冲击钻成孔示意图分别如图 7.3-2、图 7.3-3 所示。

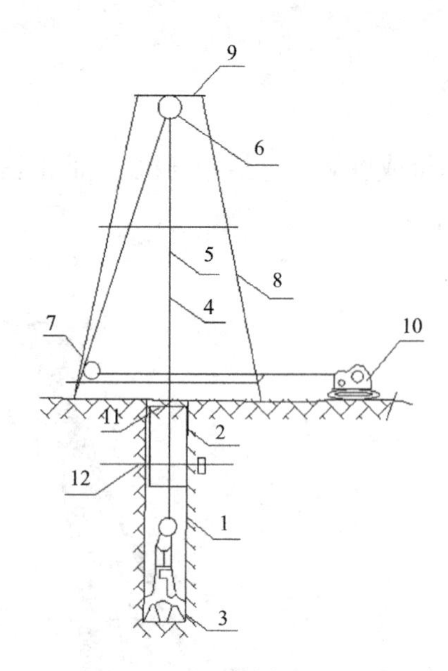

图 7.3-2　双绳冲抓锥示意图

1—钻孔；2—护筒；3—冲抓锥；4—开合钢丝绳；5—吊起钢丝绳；6—天滑轮；
7—转向滑轮；8—钻架；9—横梁；10—双筒卷扬机；11—水头高度；12—地下水位

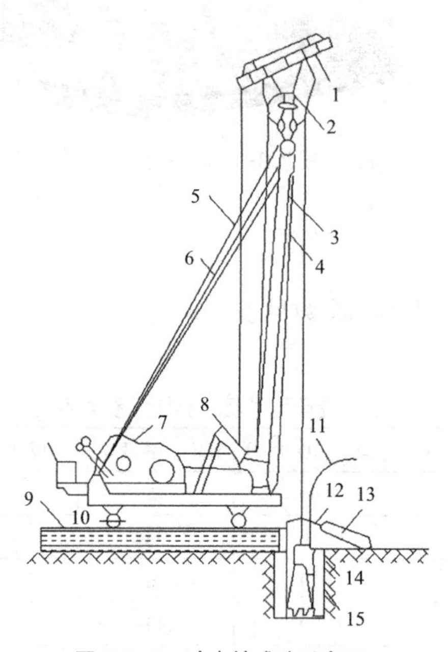

图 7.3-3　冲击钻成孔示意图

1—副滑轮；2—主滑轮；3—主杆；4—前拉索；5—后拉索；6—斜撑；7—双滚筒卷扬机；
8—导向轮；9—垫木；10—钢管；11—供水管；12—溢流口；13—泥浆溜槽；14—护筒回填土；15—钻头

（3）混凝土输送泵车或混凝土运输罐车与混凝土输送软导管配合使用，导管的构造和使用应符合下列规定：导管的壁厚不小于 3mm，直径宜为 200 ~ 250mm，直径制作的偏差不应超过2mm，导管的分节长度可视工艺要求确定，底管长度不宜小于4m，接头宜采用双螺纹方扣快速接头。导管使用前应试拼装、试压，试水压力可取为0.6~1.0MPa。每次灌注后对导管内外进行清洗。

7.4 材料及参数

（1）混凝土宜采用和易性好、泌水性较小的预拌混凝土，强度等级符合设计要求，初凝时间不小于6h。素混凝土压灌桩混凝土灌注前坍落度宜为160~180mm，符合现行国家标准《混凝土质量控制标准》GB 50164中第3章“混凝土性能要求”的规定。

（2）水泥强度等级不应低于32.5级，并且需要具有出厂合格证明文件和检测报告，强度等级符合现行国家标准《通用硅酸盐水泥》GB 175第6章的规定。

1）硅酸盐水泥的强度等级分为42.5、42.5R、52.5、52.5R、62.5、62.5R六个等级。

2）普通硅酸盐水泥的强度等级分为42.5、42.5R、52.5、52.5R四个等级。

3）普通硅酸盐或矿渣硅酸盐水泥，新鲜无结块。

（3）砂子：中砂或粗砂的含泥量应符合现行行业标准《普通混凝土用砂、石质量及检验方法标准》JGJ 52第3.1.3条的规定，混凝土所采用的天然砂中含泥量见表7.4-1。

混凝土所采用的天然砂中含泥量标准 表7.4-1

混凝土强度等级	≥ C60	C30 ~ C50	≤ C25
含泥量（按重量计%）	≤ 2.0	≤ 3.0	≤ 5.0

（4）卵石或碎石，粒径5~40mm，含泥量不大于2%。宜选用质地坚硬的粒径为10~20mm的碎石或砾石，含泥量不大于2%，质量符合现行行业标准《普通混凝土用砂、石质量及检验方法标准》JGJ 52的规定。

（5）钢筋：品种和规格均符合设计要求，并有出厂合格证及试验报告。

（6）外加剂、掺合料：通过试验确定，外加剂应有产品出厂合格证。

（7）搅拌用水应符合《混凝土用水标准》JGJ 63第3.1条的规定。

（8）火烧丝：规格18~22号。

（9）垫块：用1∶3水泥砂浆埋22号火烧丝预制成。

7.5 常规工艺流程及质量控制要点

7.5.1 常规工艺流程

常规工艺流程图如图7.5-1所示。

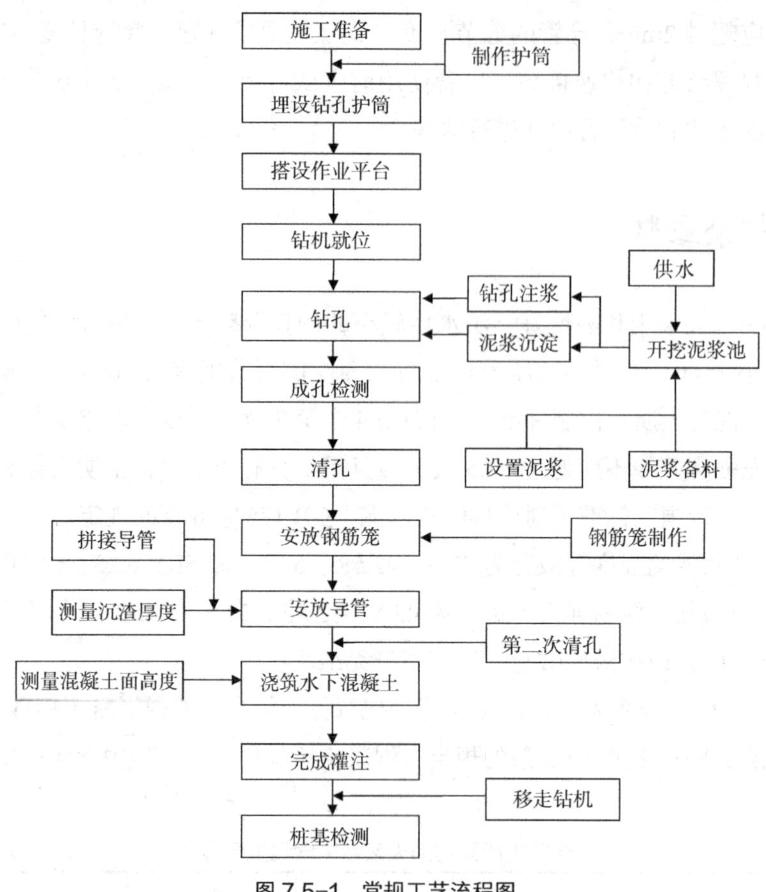

图 7.5-1 常规工艺流程图

7.5.2 施工准备

（1）钻孔场地应清表、换除软土、平整压实；场地位于浅水、陡坡、淤泥中时，可采用筑岛、用枕木或型钢等搭设工作平台；当位于深水时，可插打临时桩搭设固定工作平台。工作平台必须坚固稳定，能承受施工作业时所有静、活荷载，同时还应考虑施工设备能安全进、出场。

（2）对于浅水区域的桩基施工，采用围堰筑岛方式施工，筑岛填料宜用黏土，岛面要有足够的施工场地，岛面标高高出施工水位 0.5 ~ 1m。

7.5.3 施工工艺

1. 埋设冲孔护筒

（1）护筒一般用 6 ~ 8mm 厚的钢板加工制成，高度为 2.0m 一节；特殊地质条件下，可将护筒加长，软土、粉细砂层采用钢护筒跟进。冲击钻护筒内径应大于钻头直径 40cm，护筒顶面宜高出施工水位或地下水位 2m，还应满足孔内泥浆面的高度要求。在旱地或筑岛时还应高出施工地面 0.5m。

（2）护筒埋置深度无强制性规定，但根据现行国家标准《建筑地基基础工程施工质量验收标准》GB 50202 应符合下列规定：

1）岸滩上，黏性土应不小于1m，砂类土应不小于2m。当表层土松软时，宜将护筒埋置到较坚硬密实的土层中至少0.5m。岸滩上埋设护筒，在护筒四周回填黏土并分层夯实，可用锤击、加压、振动等方法下沉护筒。

2）水中筑岛上，护筒宜埋入河床面以下1m；水中平台上可按最高施工水位、流速、冲刷及地质条件等因素确定埋深，必要时打入不透水层。

3）水中平台上下沉护筒，应有导向设备控制护筒位置。

（3）水中墩护筒施工流程：在钻孔平台上拼装钢护筒导向架，测量放线定桩位—对接钢护筒—整体起吊钢护筒入水—调整护筒倾斜度及位置，缓慢沉入河床底至稳定—安装振动打桩锤振动下沉—安装钻机开始水上钻孔桩施工。

（4）在钢护筒振动下沉过程中要精确定位、跟踪监测、调整，满足规范要求，保证钻孔桩施工顺利进行。护筒内径宜比桩直径大0.2～0.4m。钢护筒在车间分节制造，在平台对接后整体下沉，下沉中随时调整护筒偏差，护筒顶口宜高出施工水位或地下水位2m并高出施工地面0.5m。

现场埋设冲孔护筒如图7.5-2所示。

图7.5-2 埋设冲孔护筒图

2. 开挖泥浆池

（1）钻孔施工应根据地层情况制造泥浆护壁。选择和备足良好的造浆黏土或膨润土，造浆量为2倍桩的混凝土体积，泥浆相对密度可根据钻进不同地层及时进行调整。泥浆循环系统应包括：制浆池、沉淀池、循环槽、泥浆分离泵等；泥浆池如图7.5-3所示。

图 7.5-3　泥浆池图

（2）泥浆性能指标应符合现行行业标准《建筑桩基技术规范》JGJ 94 第 6.3 节泥浆性能指标中的规定；

1）泥浆相对密度：当使用管形钻头钻孔时，入孔泥浆相对密度可为 1.1 ~ 1.3；使用实心钻头时，孔底泥浆相对密度不宜大于：岩石 1.2，黏土、粉土 1.3，坚硬大漂石、卵石 1.4。

2）黏度：入孔泥浆黏度，一般地层 16 ~ 22s，松散易塌地层 19 ~ 28s。

3）含砂率：新制泥浆不大于 4%。

4）胶体率：不小于 95%。pH 值：应大于 6.5。

（3）造浆后应试验全部性能指标，钻孔过程中应定期检验泥浆相对密度和含砂率，并填写泥浆试验记录表。

3. 作业平台

根据实际场地情况，平整钻孔桩作业平台；作业平台须平整满足施工需求。

安装钻机前，对主要机具及配套设备进行检查、维修，底部应平整，保持稳定，不得产生位移和沉陷，钻机顶端用缆风绳对称拉紧，钻头在护筒中心偏差不得大于 50mm。

4. 冲孔

（1）冲孔前，应绘制地质剖面对比图，悬挂在钻台上。

（2）开始冲孔时，应采用小冲程开孔，使初成孔坚实、竖直、圆顺，能起导向作用，并防止孔口坍塌。当钻进深度超过钻头全高加正常冲程后，方可进行正常的冲击钻孔。在砂类土或软土层钻进时，易坍孔。宜选用平底钻锥、控制进尺、低冲程、稠泥浆钻进。

（3）冲孔时，孔内水位宜高于护筒底脚 0.5m 以上或地下水位以上 1.5 ~ 2.0m，在冲击钻进中取渣和停钻后，应及时向孔内补水和泥浆，保持水头高度和泥浆相对密度及黏度。钻进过程中，钻头起落速度宜均匀，不得过猛或骤然变速。钻进过程中，应勤松绳、适量松绳，不得打空锤；每钻进 1m 或地层变化处，应在泥浆槽中捞取钻渣样品，并对钻渣取样分析，取渣过程中与设计不符时，应及时联系设计，核实地质，明确是否需要变更，渣样对比分析符合要求时，联系设计部门进行桩底地质确认并保存渣样影像资料。及时排除钻渣并置换泥浆，使钻锥经常钻进新鲜地层。施工时每次松绳量应根据地质情况、钻头形式和钻头重量决定。

（4）冲孔作业应连续进行，因故停钻时，应将钻头提高距孔底 5m 以上，孔口应加护盖。

（5）为防止冲击振动使邻近孔孔壁坍塌或影响邻近孔已浇筑混凝土凝固，应待邻孔混凝土强度达到 2.5MPa 后方可施钻。钻孔顺序采用隔孔施工。

（6）钻孔工地应有备用钻头，检查发现钻孔钻头直径磨损超过 15mm 时，应及时更换修补；更换新钻头前，应先检查孔底，确认钻孔内无异常方可放入新钻头。

5. 清孔

（1）清孔采用泥浆置换法，终孔后，停止进尺，稍提钻锥离孔底 10 ~ 20cm，采用泥浆泵，向孔内注入泥浆，通过钻杆以中速将相对密度 1.03 ~ 1.10 的较纯泥浆压入，通过孔内泥浆相对密度的不同把孔内悬浮钻渣多的泥浆替换出来。使清孔后泥浆的含砂率降到 2% 以下，黏度为 17 ~ 20s，相对密度为 1.03 ~ 1.10，且孔底沉淀土厚度满足验标要求（柱桩不大于 10cm，摩擦桩不大于 30cm），即可终止清孔，根据钻孔直径和深度，换浆时间为 1 ~ 4h。过程中应及时向孔内注入清水或新鲜泥浆保持孔内水位。

（2）当孔底沉渣不满足要求时，应进行清孔，方法同样采用泥浆置换法。

6. 安放钢筋笼

（1）钢筋笼加工及安装

1）在钢筋加工厂内集中下料，加工场地应进行硬化，设置防雨措施，场内配置滚笼机加工钢筋笼，对于小于 10m 的钢筋笼宜制作成整体，一次吊装就位。大于 20m 的钢筋笼采用分节加工，根据施工现场吊装能力将钢筋笼分节为 9 ~ 12m，汽车吊提入孔内，钢筋笼接长为现场焊接，焊接采用双面焊或者单面焊，单面焊搭接长度不小于 $10d$，双面焊搭接长度不小于 $5d$。采用平板车运输钢筋笼，运输过程中采取绳索捆绑或插杆围挡方式加固，以防钢筋笼发生较大变形。

2）主筋宜采用闪光对焊或机械连接，焊接接头按要求相邻钢筋应错开，确保同一截面内主筋接头不大于 50%；箍筋与主筋连接采用梅花形点焊牢固，在每根基桩中选用 1 根通长接地钢筋，基桩中的接地钢筋在承台中应通过连接钢筋环接。

3）钢筋笼制作时，按设计尺寸做好加强箍筋，标出主筋的位置。把主筋摆放在平整的工作平台上，并标出加强筋的位置。用机械或人工转动骨架，将其余主筋与内加强筋焊好，然后吊起骨架置于支架上，套入盘筋，按设计位置布置好螺旋筋并绑扎于主筋上，点焊牢固。

4）钢筋骨架的保护层厚度采用混凝土轮型垫块，垫块强度等级应不低于桩身混凝土强度，垫块的设置沿竖向每隔 2m 设一道，每一道沿圆周布置 4 个，呈梅花状布置。

5）存放钢筋笼时要标识明确，每隔 2 ~ 3m 放置一根垫木并及时覆盖。

（2）安装声测管（设计有要求时）

1）如果单桩桩径在 1m 以下的，就要求设置 2 根超声波检测管。如果是单桩桩径在 1 ~ 2m 之间，就需要设置 3 根超声波检测管。如果是单桩桩径在 2m 以上的，根据相关要求就需要设置 4 根超声波检测管。根据工程的具体情况，可以全部桩基设置，也可以部分桩基设置，一般都以相关设计要求为准。声波管外径 D 与壁厚根据设计要求确定。声波管绑扎于钢筋笼内侧，间距点间距不超过 2m，成等边三角形布置。上下端均用封底钢板焊牢密封，不可漏水。

2）声测管上端伸出桩头 10cm 以上，下端距离桩底 50mm。每节长 8 ~ 12m，声测管对接采用套管连接，节间用 Φ57 外套管，接口内侧应平顺。

（3）吊装钢筋笼

钢筋笼吊起后，检查钢筋笼的垂直度及外形轮廓，平稳垂直放入孔内，切忌碰撞孔壁，不得强行下放，下放过程中，注意孔内水位情况，如发生异常，马上停止，检查是否塌孔，若是塌孔现象则重新清孔。

7. 安放导管

（1）安放导管前应搭设浇筑混凝土工作平台，平台应坚固稳定，高度满足导管吊放、拆除和管内充满混凝土后的升降要求。

（2）灌注水下混凝土采用导管及漏斗技术要求

1）水下混凝土导管在平面上的布设根数和间距，应根据每根导管的半径和桩底面积确定。

2）导管内壁光滑、圆顺，内径一致，接口严密；直径一般采用 30cm，中间标准节长度为 3m，底节为 4m，另配 0.5m、1m 的配节导管。

3）导管使用前进行试拼、试压试验，不得漏水、漏气，并编号，按自下而上标示尺度；导管组装后轴线偏差不宜大于孔深的 0.5% 且不大于 10cm；组装时，必须安装橡胶垫圈，上下节旋紧；试压的压力宜为孔底静水压力的 1.5 倍。

4）导管长度可根据孔深和孔口工作平台高度等因素确定，漏斗容量应满足首批混凝土浇筑量要求。

5）导管应位于钻孔中央，在浇筑混凝土前应进行升降试验，导管吊装升降设备能力应与全部导管充满混凝土后的总重量和摩阻力相适应，并留有一定的安全储备。

6）导管安装后，其底部距孔底有 30 ~ 50cm 的空间。

7）漏斗的直径一般为桩径的 2 倍，高宜为 1.5m，结合计算需满足首方混凝土封底要求。

安装导管如图 7.5-4 所示。

图 7.5-4 安装导管图

8. 浇筑水下混凝土

（1）首批封底混凝土

灌注前对孔底沉淀层厚度应再次测定。若沉渣厚度不符合规范要求应进行二次清孔，如厚度符合规范要求，应立即灌注首批混凝土。

计算和控制首批封底混凝土数量，下落时有一定的冲击能量，能把泥浆从导管中排出，并能把导管下口埋入混凝土中 1m 以上。打开漏斗阀门，放下封底混凝土，首批混凝土灌入后，无异常情况发生，应连续灌注。如发现导管内大量进水，表明出现灌注事故，应及时停止灌注混凝土，重新清孔，满足规范要求后，再进行灌注混凝土。

首批灌注混凝土的数量公式：

数量公式（桩径 D=1.25）：

$$V \geqslant \prod D/4\ (H_1+H_2)+\prod d/4h_1;\ h_1=H_w r_w/r_c$$

式中 H_1——桩孔底到导管底端的高度，导管底口与孔底的距离为 25 ~ 40cm；

H_2——导管初次埋置深度（导管底口到混凝土面的高度）为 1m；

D——桩径；

d——导管内径（m）；

H_w——孔内泥浆的深度（m）；

r_w——孔内泥浆的重度（kN/m^3）；

r_c——混凝土拌合物的重度，取 $24kN/m^3$；

h_1——表示桩孔内混凝土达到埋置深度 H_2 时，导管内混凝土柱平衡导管外（或泥浆）压力所需的高度（m），即

$$h_1=H_w r_w/r_c=11\times 68/24=31.17m$$

$$V\ (D=1.25)=3.14\times(1.25/2)\times 2\times(H_1+1)+3.14\times(0.25/2)\times 2\times h_1$$

$$=3.14\times(1.25/2)\times 2\times(0.5+1)+3.14\times(0.25/2)\times 2\times 31.17=2.12m^3$$

对孔底沉淀层厚度应再次测定。如厚度符合设计要求，应立即灌注首批混凝土。

（2）水下混凝土灌注

桩基混凝土采用罐车运输直入导管灌注，特殊地段可采用罐车运输配泵车灌注，灌注开始后，应紧凑连续地进行，严禁中途停工。在灌注过程中，应防止混凝土拌合物从漏斗顶溢出或从漏斗外掉入孔底，使泥浆内含有水泥而变稠凝结，致使测探不准确；应注意观察管内混凝土下降和孔内水位升降情况，及时测量孔内混凝土面高度，正确指挥导管的提升和拆除；导管的埋置深度应控制在 2 ~ 6m。导管提升时应保持轴线竖直和位置居中，逐步提升。如导管卡挂钢筋骨架，可转动导管，使其脱开钢筋骨架后，再移到钻孔中心。

拆除导管动作要快，时间一般不宜超过 15min。要防止橡胶垫和工具等掉入孔内。已拆下的管节要立即清洗干净，堆放整齐以便能正常循环使用。

在灌注过程中，当导管内混凝土不满，含有空气时，后续混凝土要徐徐灌入，不可整斗地灌入漏斗和导管，以免在导管内形成高压气囊，挤出管节间的橡皮垫，而使导管漏水。

为防止浮笼现象发生，可采取以下措施：1）当混凝土面接近和初入钢筋骨架时，应使导管底口处于钢筋笼底口以上 1m 和 3m 以下处，并放慢混凝土浇筑速度，以减小混凝土从导管底口出来后向上的冲击力；2）当孔内混凝土进入钢筋骨架 4 ~ 5m 以后，适当提升导管，减小导管埋置长度，以增加骨架在导管口以下的埋置深度，从而增加混凝土对钢筋骨架的握裹力，但不得拔出过长，需保留 2m 以上的导管埋深。

在灌注将近结束时，由于导管内混凝土柱高减小，超压力降低，而导管外的泥浆及所含渣土稠度增加，相对密度增大。如在这种情况下出现混凝土顶升困难时，可在孔内加水稀释泥浆，使灌注工作顺利进行。在拔出最后一段长导管时，拔管速度要慢，以防止桩顶沉淀的泥浆挤入导管下形成泥心。

在灌注混凝土时，每根桩应至少留取三组试件，对于桩长较长、桩径较大、浇筑时间很长时，可增加试件组数。试件应做标准养护，抗压强度合格后应填试验报告表。强度不符合要求时，应及时提出报告，采取补救措施。

在混凝土灌注前应进行坍落度、含气量、入模温度等检测；将各个灌注时间、混凝土面的深度、导管埋深、导管拆除以及发生的异常现象等及时记录。

（3）灌注混凝土测深方法

灌注水下混凝土时，应经常探测孔内混凝土面至孔口的深度，以控制导管埋深。如探测不准确，将造成埋深过浅、导管提漏、埋管过深拔不出或断桩事故。

测深多用重锤法，重锤的形状是锥形，底面直径不小于 10cm，重量不小于 5kg。用绳系锤吊入孔内，使之通过泥浆沉淀层而停留在混凝土表面（或表面下 10 ~ 20cm），根据测绳所示锤的沉入深度作为混凝土灌注深度。本方法完全凭探测者手中所提测锤在接触顶面以前与接触顶面以后不同重量的感觉而判别。测锤不能太轻，而测绳又不能太重，否则，探测者手感会不明显，在测深桩，测锤快接近桩顶面时，由于沉淀增加和泥浆变稠的原因，就容易发生误测。探测时必须要仔细，并以灌注混凝土的数量校对以防误测。在完成桩基施工后将钻孔、成孔、灌注记录表组装成套存档。

（4）泥浆清理

钻孔桩施工中，产生大量废弃的泥浆，为保护当地的环境，这些废弃的泥浆，经泥浆沉淀池后，清理运往指定的废弃泥浆的堆放场地，并做妥善处理。

9. 基桩检测

按设计要求在钢筋笼安装时预埋声测管，成桩后采用声波透射法进行检测。对于桩长小于等于40m、桩径小于2m的非连续梁主边墩的钻孔桩全部采用瞬态时域频域分析法（低应变法）检测。对质量有问题的桩，采取钻芯取样进一步检验。

7.6 检验与验收

7.6.1 一般规定

（1）桩基工程应进行桩位、桩长、桩径、桩身质量和单桩承载力的检验。

（2）桩基工程的检验按时间顺序可分为三个阶段：施工前检验、施工检验和施工后检验。

（3）对砂、石子、水泥、钢材等桩体原材料质量的检验项目和方法应符合国家现行有关标准的规定。

（4）灌注桩成孔施工的允许偏差根据现行行业标准《建筑桩基技术规范》JCJ 94第6.2.4条规定应满足表7.6-1的要求。

灌注桩成孔施工的允许偏差 表7.6-1

成孔方法		桩径允许偏差（mm）	垂直度允许偏差（%）	桩位允许偏差（mm）	
				1～3根桩、条形桩基沿垂直轴线方向和桩基础中的边桩	条形桩基沿轴线方向和群桩基础的中间桩
砂浆护壁钻、挖、冲孔桩	$d \leq 1000$mm	±50	1	d/6且不大于100	d/4且不大于100
	$d > 1000$mm	±50		100+0.01H	150+0.01H
锤击（振动）沉管振动冲击沉管成孔	$d \leq 500$mm	−20	1	70	150
	$d > 500$mm			100	150
螺旋钻、机动洛阳铲干作业成孔		−20	1	70	150
人工挖孔桩	现浇混凝土护壁	±50	0.5	50	150
	长钢套管护壁	±20	1	100	200

注：1. 桩径允许偏差的负值是指个别断面。
2. H为施工现场地面标高与桩顶设计标高的距离；d为设计桩径。

7.6.2 施工检验

灌注桩施工前应进行下列检验：

（1）混凝土拌制应对原材料质量与计量、混凝土配合比、坍落度、混凝土强度等级等进行检查。

（2）钢筋笼制作应对钢筋规格、焊条规格、品种、焊口规格、焊缝长度、焊缝外观和质量、主筋和箍筋的制作偏差等进行检查，钢筋笼制作允许偏差应符合现行行业标准《建筑桩基技术规范》JGJ 94 的要求。

7.6.3 冲击灌注桩施工过程检验

（1）灌注混凝土前对已成孔的中心位置、孔深、孔径、垂直度、孔底沉渣厚度进行检验。

（2）应对钢筋笼安放的实际位置等进行检查，并填写相应质量检测、检查记录。

（3）钢筋笼制作、安装的质量根据现行行业标准《建筑桩基技术规范》JCJ 94 第 6.2.5 条规定，应符合下列要求：

1）钢筋笼的材质、尺寸应符合设计要求，制作允许偏差应符合表 7.6-2 的规定。

钢筋笼制作允许偏差　　表 7.6-2

项目	允许偏差（mm）
主筋间距	± 10
箍筋间距	± 20
钢筋笼直径	± 10
钢筋笼长度	± 100

2）分段制作的钢筋笼，其接头宜采用焊接或机械式接头（钢筋直径大于 20mm），并应遵守现行国家标准《混凝土结构工程施工质量验收规范》GB 50204，以及现行行业标准《钢筋机械连接技术规程》JGJ 107、《钢筋焊接及验收规程》JGJ 18 的规定。

3）加劲箍宜设在主筋外侧，当因施工工艺有特殊要求时也可置于内侧。

4）导管接头处外径应比钢筋笼的内径小 100mm 以上。

5）搬运和吊装钢筋笼时，应防止变形，安放应对准孔位，避免碰撞孔壁和自由落下，就位后应立即固定。

（4）粗骨料可选用卵石或碎石，其粒径不得大于钢筋间最小净距的 1 / 3。

（5）检查成孔质量合格后应尽快灌注混凝土。试块留置数量应符合现行行业标准《建筑桩基技术规范》JGJ 94 中第 6.2.7 条的规定：直径大于 1m 或单桩混凝土量超过

25m^3 的桩，每根桩桩身混凝土应留有 1 组试件；直径不大于 1m 的桩或单桩混凝土量不超过 25m^3 的桩，每个灌注台班不得少于 1 组；每组试件应留 3 件。

（6）在正式施工前，宜进行试成孔。

（7）灌注桩施工现场所有设备、设施、安全装置、工具配件以及个人劳保用品必须经常检查，确保完好和使用安全。

7.6.4 施工后检验

（1）工程桩应进行承载力和桩身质量检验。

（2）有下列情况之一的桩基工程，应采用静荷载试验对工程桩单桩竖向承载力进行检测，检测数量应根据桩基设计等级、施工前取得试验数据的可靠性因素，按现行行业标准《建筑基桩检测技术规范》JGJ 106 确定。

1）工程施工前已进行单桩静载试验，但施工过程变更了工艺参数或施工质量出现异常时；

2）地质条件复杂、桩的施工质量可靠性低；

3）采用新桩型或新工艺。

（3）在设计等级为甲、乙级的建筑桩基静载试验检测的辅助检测时，可采用高应变动测法对工程桩单桩竖向承载力进行检测。

（4）桩身质量除对预留混凝土试件进行强度等级检验外，尚应进行现场检测。检测方法可采用可靠的动测法，对于大直径桩还可采取钻芯法、声波透射法；检测数量可根据现行行业标准《建筑基桩检测技术规范》JGJ 106 确定。

（5）对专用抗拔桩和对水平承载力有特殊要求的桩基工程，应进行单桩抗拔静载试验和水平静载试验检测。

7.7 质量通病防治

质量通病防治见表 7.7-1。

质量通病防治 表 7.7-1

质量通病	塌孔
形成原因	（1）泥浆相对密度不够及其他泥浆性能指标不符合要求，使孔壁未形成坚实泥皮； （2）由于出渣后未及时补充泥浆（或水），或河水、潮水上涨，或孔内出现承压水，或钻孔通过砂砾等强透水层，孔内水流失等而造成孔内水头高度不够； （3）护筒埋置太浅，下端孔口漏水、坍塌或孔口附近地面受水浸湿泡软，或钻机直接接触在护筒上，由于振动使孔口坍塌，扩展成较大塌孔； （4）在松软砂层中钻进进尺太快； （5）提出钻锥钻进，回转速度过快，空转时间太长； （6）冲击锥或掏渣筒倾倒，撞击孔壁；

续表

质量通病	塌孔
形成原因	（7）水头太高，使孔壁渗浆或护筒底形成反穿孔； （8）清孔后泥浆相对密度、黏度等指标降低，用空气吸泥机清孔，泥浆吸走后未及时补浆（或水），使孔内水位低于地下水位； （9）清孔操作不当，供水管嘴直接冲刷孔壁、清孔时间过久或清孔后停顿时间过长
防治方法	（1）在松散粉砂土或流砂中钻进时，应控制进尺速度，选用较大相对密度、黏度、胶体率的泥浆或高质量泥浆； （2）冲击钻成孔时投入黏土、掺片、卵石、低冲程锤击，使黏土膏、片、卵石挤入孔壁起护壁作用； （3）发生孔口坍塌时，可立即拆除护筒并回填钻孔，重新埋设护筒再钻； （4）如发生孔内坍塌，判明坍塌位置，回填砂和黏质土（或砂砾和黄土）混合物到塌孔处以上 1 ~ 2m，如塌孔严重时应全部回填，待回填物沉积密实后再行钻进； （5）清孔时应指定专人补浆（或水），保证孔内必要的水头高度； （6）供浆（水）管最好不要直接插入钻孔中，应通过水槽或水池使水减速后流入钻孔中，可免冲刷孔壁。应扶正吸泥机，防止触动孔壁。不宜使用过大的风压，不宜超过 1.5 ~ 1.6 倍钻孔中水柱压力； （7）吊入钢筋骨架时应对准钻孔中心竖直插入，严防触及孔壁； （8）清孔时，不能使用供水管嘴直接冲刷孔壁，减少清孔时间过久或清孔后停顿时间
相关图片或示意图	

质量通病	缩孔
形成原因	（1）由于终孔后至灌注混凝土前间隔时间过长，地下水及土压力作用而造成的缩孔； （2）锤钻头使用时间较长、磨损较大，又没有及时修正而引起
防治方法	（1）调整施工过程中泥浆相对密度，以及孔内泥浆顶面标高与原地面标高的高差； （2）重新用冲击锤在缩孔处刷孔，同时提高孔内水头高度进行处理，处理后应尽快浇筑，防止再次出现缩孔
相关图片或示意图	

续表

质量通病	冲孔偏斜
形成原因	（1）钻孔中遇有较大的孤石或土石交界基岩面倾斜角度较大； （2）在有倾斜的软硬地层交界处，岩面倾斜处钻进；或者料径大小悬殊的砂卵石层中钻进，钻头受力不均； （3）扩孔较大处，钻头摆动偏向一方； （4）钻机底座未安置水平或产生不均匀沉陷、位移
防治方法	（1）安装钻机时要使转盘、底座水平，起重滑轮的轮缘，固定钻杆的卡孔和护筒中心三者应在一条竖直线上，并经常检查校正； （2）在有倾斜的软、硬地层钻进时，应控制起锤高度，低速钻进，或回填片、卵石冲平后再钻进； （3）扩孔较大处，固定好钻头，防止摆动偏向一方； （4）钻机底座要安置水平并检查是否产生不均匀沉陷、位移的现象
相关图片或示意图	

质量通病	流砂
形成原因	（1）孔外水压力比孔内大，局部孔壁松散，使大量流砂涌塞孔底； （2）掏渣时，没有同时向孔内补充水，造成孔外水位高于孔内
防治方法	（1）流砂严重时，可抛入碎砖石、黏土，用锤冲入流砂层，做成泥浆结块，使成坚厚孔壁，阻止流砂涌入； （2）保持孔内水头，并向孔内抛黏土块，冲击造浆护壁，然后用掏渣筒掏砂
相关图片或示意图	

第8章　预应力混凝土管桩

8.1　基本介绍及适用范围

（1）预应力混凝土管桩的分类包含了预应力高强混凝土管桩（代号 PHC）、预应力混凝土管桩（代号 PC）、预应力混凝土薄壁管桩（代号 PTC）三大类。桩尖可分为 b 型开口型桩尖和 a 型十字形桩尖。对于 PHC 管桩，AB 型，外径为 600mm，壁厚为 110mm，桩长 30m，开口型桩尖，其编号应为 PHC-AB600（110）-30b。

（2）预应力混凝土管桩作为预制混凝土桩的一种，具有单桩承载力高、单位承载力造价低、施工速度快、成桩质量可靠等特点。

（3）管桩沉桩机械可分为锤击机械和静压机械两种。锤击施工（以柴油锤为主）其优点是施工灵活、进退场容易、施工速度快、操作方便、地层穿透性好。缺点是噪声、油烟造成环境污染，操作不当易造成桩头破损和裂缝，施工质量受施工人员的技术水平的影响较大。静压施工优点有：施工时桩承载力具有可视性和可控性、成桩质量好、压桩速度快、无振动无噪声和环境污染。缺点有：进退场不容易、费用高。自重大，对施工场地要求高，甲方对场地回填成本大。挤土效应明显，容易陷机，影响施工进度。挤断邻近已施工桩。

（4）一般情况下适用于软土、黏性土、粉土、砂土及全风化岩体等地层条件，在建筑、铁路、公路、桥梁、港口、码头等工程中得到了广泛的应用。

8.2　主要规范标准文件

（1）《建筑地基基础设计规范》GB 50007；

（2）《建筑地基基础工程施工质量验收标准》GB 50202；

（3）《先张法预应力混凝土管桩》GB 13476；

（4）《建筑桩基检测技术规范》JGJ 106；

（5）《建筑桩基技术规范》JGJ 94；

（6）《建筑机械使用安全技术规程》JGJ 33；

（7）《预应力混凝土管桩技术标准》JGJ/T 406；

（8）《预应力混凝土管桩》10G 409。

8.3 设备及参数

8.3.1 静压桩设备及参数

（1）液压式压桩机由桩架、液压夹箍、千斤顶及液压动力系统组成。压桩时通过夹箍将桩夹住，依靠液压千斤顶将桩压入土层，如图 8.3-1 所示。

图 8.3-1 液压式压桩机

（2）常见设备型号及参数

YZY 型系列液压静力压桩机主要技术参数见表 8.3-1。

YZY 型系列液压静力压桩机主要技术参数 表 8.3-1

项目		单位	YZY-300	YZY-400	YZY-450	YZY-500	YZY-800
设备桩身	横向行程（一次）	m	3	3	3	3	3
	纵向行程（一次）	m	0.5	0.5	0.5	0.5	0.55
	最大回转角	°	18	18	18	18	20
纵横向行走速度	前进	m/min	2	2	2	1.8	1.8
	回程	m/min	4.2	4.2	4.2	4	4
最大压入力（名义）		kN	3000	4000	4500	5000	8000
最大锁紧力		kN	7600	9000	10000	10000	10000
压桩截面	最大	m	0.5 × 0.5	0.5 × 0.5	0.5 × 0.5	0.5 × 0.5	0.55 × 0.55
	最小	m	0.4 × 0.4	0.4 × 0.4	0.4 × 0.4	0.4 × 0.4	0.4 × 0.4

续表

项目		单位	YZY-300	YZY-400	YZY-450	YZY-500	YZY-800
油泵	系统压力	MPa	31.5	31.5	31.5	31.5	31.5
	最大流量	L/min	143	143	143	154	167
电机总功率		kW	85	85	85	92	100
接地比压	大船	t/m	9.2	12.3	13.8	13.8	14.2
	小船	t/m	9.8	13.1	14.7	15.7	17.5
整机	外形尺寸，长 × 宽 × 高	m	10.6 × 9 × 8.6	10.6 × 9 × 9	10.6 × 9 × 9	11 × 9 × 9.1	11.1 × 10 × 9.1
	自重	kN	1500	1800	1900	2000	2000
	配重	kN	1800	2500	2900	3400	5500
大身	外形尺寸，长 × 宽 × 高	m	10 × 3.5 × 0.9	10 × 3.5 × 1	10 × 3.5 × 1	10 × 3.5 × 1	10 × 3.5 × 1
	装运数量（包括牛腿）	kN	450	500	520	550	550

这类压桩机具有全方位、自行移动的功能。移位时行走机构采用提携船式步履，把船体作为轨道，通过纵横向油缸伸程与回程，实现压装机的纵横向行走和 360° 回转。从表 8.3-1 可知最大静压力达 8000kN，这样大的压力可穿透 P_s=10 ~ 12MPa 的夹砂层（厚度＜ 10m）。单桩设计承载力大于 3500kN。施工过程中可通过液压表读数，将压桩阻力清晰地反映出来。

8.3.2 锤击桩设备及参数

（1）柴油锤打桩机主体也是由汽缸和柱塞组成，其工作原理和单缸二冲程柴油机相似，利用喷入汽缸燃烧室内的雾化柴油受高压高温后燃爆所产生的强大压力驱动锤头工作，如图 8.3-2 所示。

图 8.3-2 柴油锤打桩机

（2）常见设备型号及参数

常见设备型号及参数见表 8.3-2。

柴油锤打桩机技术参数 表 8.3-2

型号	KLB6T-15C	KLB8T-18C	KLB10T-15D
打桩深度	15m	18m	18m
回转角度	360°	360°	360°
上塔架规格（mm）	580 × 400 × 11250	618 × 444 × 12750	618 × 444 × 11250
下塔架规格（mm）	600 × 480 × 13980	680 × 500 × 14480	680 × 500 × 13980
主卷扬	JJM-5	JJM-8	JYK280-54
副卷扬	JKD3	JKD5	JKD5
升降卷场	TKD6	TKD6	TKD6
回转驱动液压电机	HM，4300	HM，-4300	HM，-4300
回转支承	HSW35，1400	HSW35，1700	HSW35，1700
泵站	CB40 柱塞泵 4 极 22kW 电机	WCY14-1B-40 柱塞泵 4 极 22kW 电机	WCY14-1B-40 柱塞泵 4 极 22kW 电机，50/50 双联泵 4 极端 75kW 电机
前支腿油缸	CF140-110-1600	GF168-120-1600	GF168-120-1600
后支腿油缸	CF140-110-1600	GF140-110-1600	GF168-120-1600
底盘形式	液压履靴折叠式	液压履靴方盒式	
驾驶室	驾驶室后置，主卷场操作在驾驶室内		

8.4 材料及参数

根据现行国家标准《先张法预应力混凝土管桩》GB/T 13476 的规定，对于管桩材料有如下介绍和规定：

（1）管桩按外径分为 300mm、400mm、500mm、600mm、800mm、1000mm 等规格。管桩按有效预应力值大小分为 A 型、AB 型、B 型和 C 型，其对应混凝土有效预压应力值分别为 4MPa、6MPa、8MPa、10MPa。有特殊要求的桩型应注明，如 F 为有防腐等级要求的管桩；Y 为有入岩加强要求的管桩；B 为有抗拔加强要求的管桩等。

（2）管桩的结构型式应符合图 8.4-1 的规定。

（3）每节管桩均应明确标记其品种、规格、型号、长度及执行产品标准，标记示例为有防腐要求二级 F2、外径 500mm、壁厚 100mm、长度 12m 的 AB 型预应力高强混凝土管的标记为：PHC（F2）500AB 100-12 GB/T 13476。

（4）预应力钢筋应沿其分布圆周均匀配置，最小配筋率不应低于 0.4%，且不得少于 6 根。管桩两端 2000mm 范围内螺旋筋的螺距为 45mm；其余部分螺旋筋的螺距为 80mm。管桩预应力钢筋间距偏差不大于 ± 5mm，螺距允许偏差均为 ± 5mm。工程需要时，可增加端部锚固钢筋。

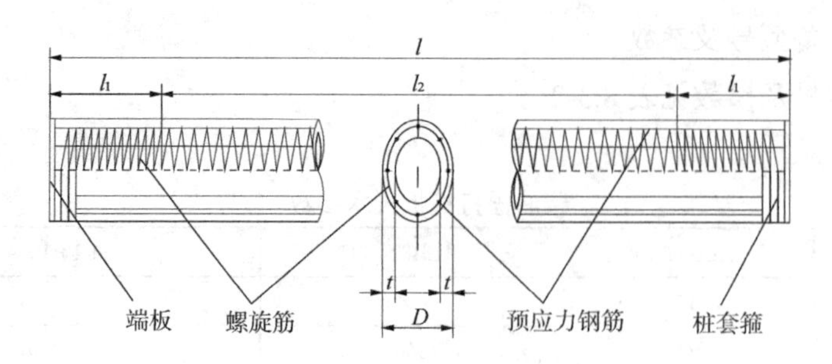

图 8.4-1　管桩的结构型式

t—壁厚；l—桩长；D—外径；l_1—桩端加密区长度；l_2—非加密区长度

（5）管桩中，除了 300 桩保护层厚度不应小于 25mm，其余规格保护层厚度不应小于 40mm，PHCF 桩保护层厚度不应小于 40mm。

8.5　常规工艺流程及质量控制要点

8.5.1　静压桩的常规工艺流程及质量控制要点

（1）静压桩的常规工艺流程如图 8.5-1 所示。

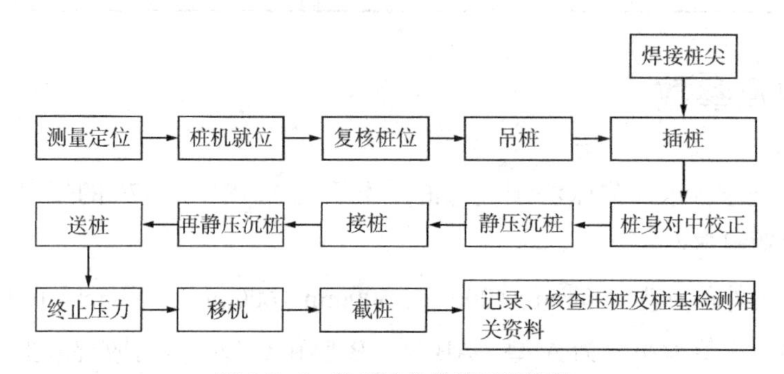

图 8.5-1　静压桩的常规工艺流程

（2）质量控制要点

1）压桩前的质量控制

①施工场地的动力供应，应与所选用的桩机机型、数量的动力需求相匹配，其供应电缆应完好，以确保其正常供电和安全用电。

②施工场地已经平整，并具有选用的桩机机型相适应的地基承载力，以确保在管桩施工时地面不致沉陷过大或桩机倾斜超限，影响预应力管桩的成桩质量。

③施工场地下的旧建筑物基础、旧建筑的混凝土地坪，在预应力管桩施工前，予以彻底清除。场地下不应有尚在使用的水、电、气管线。

④场地的边界与周边建（构）筑物的距离，应满足桩机最小工作半径的要求，且对建（构）筑物应有相应的保护措施。

2）桩机的选型及测量仪器

①监理工程师应要求施工方提交进场设备报审表，并对选用设备认真核查。桩机的选型，一般按 1.2 ~ 1.5 倍管桩极限承载力取值。桩机的压力表，应按要求检定，以确保夹桩及压力控制准确。按设计如需送桩，应按送桩深度及桩机机型，合理选择送桩杆的长度，并应考虑施工中可能的超深送桩。

②建筑物控制点的测量，宜采用有红外线测距装置的全站仪施测，而桩位宜采用 J2 经纬仪及钢尺进行测量定位。控制桩顶标高的仪器，用水准仪监测即可。测量仪器应有相应的检定证明文件。

3）对预应力管桩的质量监控

①检查管桩生产企业是否具有准予其生产预应力管桩的批准文件。

②检查管桩混凝土的强度、钢筋力学性能、管桩的出厂合格证及管桩结构性能检测报告。

③须对预应力管桩在现场进行全数检查，根据现行行业标准《建筑桩基技术规范》JGJ 94 的规定，钢筋混凝土管桩允许偏差见表 8.5-1。

钢筋混凝土管桩允许偏差 表 8.5-1

项目	允许偏差（mm）
直径	± 5
长度	± 5% 桩长
管壁厚度	−5
保护层厚度	+10，−5
桩身弯曲（度）矢高	1‰桩长
桩尖偏心	≤ 10
桩头板平整度	≤ 2
桩头板偏心	≤ 2

4）压桩过程的质量控制

①测量定位

根据建设单位提供的工程控制点按设计图纸位置测设桩位，在桩位中心打一根钢筋，桩位允许偏差在 10mm 内，并绑上红色塑料带，使标志明显，每根桩施工前应由监理人员复核无误后方可施工。

②桩机就位、吊桩、插桩

桩机就位对中时首先调平桩机，将提前焊接好桩尖的管桩吊起并插入压装机，然后抱桩器抱好管桩对准桩位调至底桩。桩中心应对准桩位中心点（桩机本身垂直度控制），同时采用全站仪校正桩的垂直度。底桩是否垂直是保证桩身质量的关键。桩机就位、吊桩如图 8.5-2 所示，插桩如图 8.5-3 所示。

图 8.5-2 桩机就位、吊桩

图 8.5-3 插桩

③静压沉桩

严格按照施工方案及有关技术规范的要求进行施工。压桩顺序应遵循减少挤土效应、避免管桩偏位的原则。一般说来，应注意：先深后浅，先大后小；同一单体建筑或群桩承台应先施压场地中央的桩，后施压周边的桩；毗邻其他建筑物时，由毗邻建筑物向另一方向施压；如周围为基坑的支护结构时，其支护结构应在主体桩施工完成后再进行施工。工程桩施工中，对有无挤压情况造成侧放桩位偏移，应督促施工单位经常复核。根据现行行业标准《建筑桩基技术规范》JGJ 94 关于静力压桩施工的质量控制应符合下列规定：A. 第一节桩下压时垂直度偏差不应大于 0.5%；B. 宜将每根桩一次性连续压到底，且最后一节有效桩长不宜小于 5m；C. 抱压力不应大于桩身允许侧向压力的 1.1 倍。根据现行行业标准《建筑桩基技术规范》JGJ 94 关于终压条件应符合下列规定：A. 应根据现场试压桩的试验结果确定终压力标准；B. 终压连续复压次数应根据桩长及地质条件等因素确定。对于入土深度大于或等于 8m 的桩，复压次数可为 2 ~ 3 次。对于入土深度小于 8m 的桩，复压次数可为 3 ~ 5 次；C. 稳压压桩力不得小于终压力，稳定压桩的时间宜为 5 ~ 10s。根据现行行业标准《建筑桩基技术规范》JGJ 94 规定，出现下列情况之一时，应暂停压桩作业，并分析原因，采取相应措施：A. 压力表读数显示情况与勘察报告中的土层性质明显不符；B. 桩难以穿越具有软弱下卧层的硬夹层；C. 实际桩长与设计桩长相差较大；D. 出现异常响声，压桩机械工作状态出现异常；E. 桩身出现纵向裂缝和桩头混凝土出现剥落等异常现象；F. 夹持机构打滑；G. 压桩机下陷。根据现行行业标准《建筑桩基技术规范》JGJ 94 关于静压送桩的质量控制应符合下列规定：A. 测量桩的垂直度并检查桩头质量，合格后方可送桩，压、送作业应连续进行；B. 送桩应采用专制钢质送桩器，不得将工程桩用做送桩器；C. 当场地上多数桩的有效桩长 L 小于或等于 15m 或桩端持力层为风化软质岩，可能需要复压时，送桩深度不宜超过 1.5m；D. 除满足本条上述 C. 款规定外，当桩的垂直度偏差小于 1%，且桩的有效桩长大于 15m 时，静压桩送桩深度不宜超过 8m；E. 送桩的最大压桩力不宜超过桩身允许抱压压桩力的 1.1 倍，静压沉桩如图 8.5-4 所示。

④接桩

根据现行行业标准《建筑桩基技术规范》JGJ 94 关于混凝土预制桩的接桩有下列规定：焊接接桩：钢板宜采用低碳钢，焊条宜采用 E43，并符合相关标准规定。焊接接桩还应符合下列规定：A. 下节桩段的桩头宜高出地面 0.5m；B. 下节桩的桩头处宜设置导向箍，接桩时上下节桩段应保持顺直，错位偏差不宜大于 2mm。接桩就位纠偏时，不得采用大锤横向敲打；C. 桩对接前，上下桩端表面应采用铁刷子清刷干净，坡口处应刷至露出金属光泽；D. 焊接宜在桩四周对称地进行，待上下桩节固定后拆除导向箍再分层施焊。焊接层数不得少于 2 层，第 1 层焊完后必须把焊渣清理干净，方可进行第 2 层的施焊，焊缝应连续、饱满；E. 焊好后的桩接头应自然冷却后方可继续锤击，自然冷却时间不宜少于 8min，严禁采用水冷却或焊好即施打；F. 雨天焊接时，应采取可靠的防雨措施；G. 焊接接头的质量检查宜采用探伤检测，同一工程探伤抽样检验不得少于 3 个接头，焊接接桩如图 8.5-5 所示。

图 8.5-4 静压沉桩

图 8.5-5 焊接接桩

⑤终压

根据现行行业标准《预应力混凝土管桩技术标准》JGJ/T 406 关于静力压桩终压控制标准应符合下列规定：A. 终压标准应根据设计要求、沉桩工艺试验情况、桩端进入持力层情况及压桩动阻力等因素，结合静载荷试验情况确定；B. 摩擦桩与端承摩擦桩以桩端标高控制为主，终压力控制为辅；C. 当终压力值达不到预估值时，单桩竖向承载力特征值宜根据静载试验确定，不得任意增加复压次数；D. 当压桩力已达到终压力或桩端已达到持力层时应采取稳压措施；E. 当压桩力小于 3000kN 时，稳压时间不宜超过 10s。当压桩力大于 3000kN 时，稳压时间不宜超过 5s；F. 稳压次数不宜超过 3 次，对于小于 8m 的短桩或稳压贯入度大的桩，不宜超过 5 次。

⑥注意事项

加强预应力管桩的进场检查验收工作；压桩施工过程中，应对周围建筑物的变形进行监测，并做好原始记录；对群桩承台压桩时，应考虑挤土效应；对长边的桩，宜由中部开始向两边压桩；对短边的桩，可由一边向另一边逐桩施压；如地质报告表明，地基土中孤石较多，对有孤石的桩位，采取补勘措施，探明其孤石的大小、位置，对小孤石也可采取用送桩杆引孔的措施；土方开挖时，应加强对管桩的成品保护，如用机械开挖土方，更应加强保护；土方开挖宜在压桩后，不少于 15d 进行，并应采取分层、均匀、对称方法开挖；及时去除桩间土；严禁将土堆放在基坑边坡附近，以减少桩侧土的侧向位移，防止桩位移或折断；雨期施工预应力管桩，其场地内宜设置排水暗沟，并在场地外适当位置设集水井，随时排出地表水，使场地内不积水、不软化、无泥浆；操作人员应有相应的防雨用具；各种用电设施，要检查其用电安全装置的可靠性、有效性，防止漏电或感应电荷可能危及操作人员的安全；预应力管桩施工结束后，成桩检测一般采用低应变法来判断桩身完整性，用单桩竖向抗压静载试验确定单桩竖向抗压极限承载力；抽检数量应根据建筑物的重要性、地质条件和成桩可靠性来确定。

8.5.2 锤击桩的常规工艺流程及质量控制要点

1. 锤击桩的常规工艺流程

锤击桩的常规工艺流程如图 8.5-6 所示。

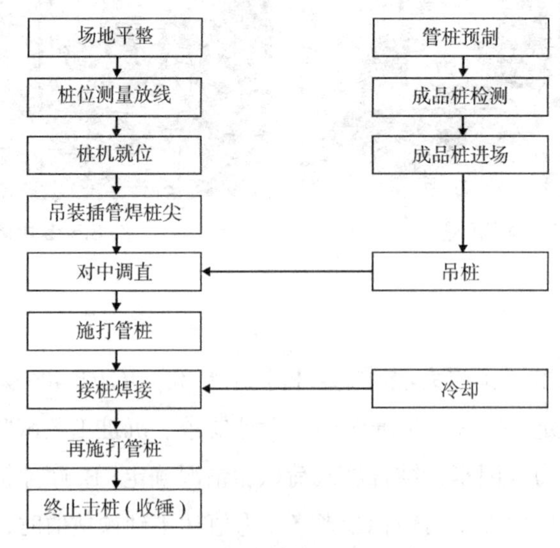

图 8.5-6 锤击桩的常规工艺流程

现场桩机起吊桩、焊接桩尖、锤击沉桩分别如图 8.5-7 ~ 图 8.5-9 所示。

图 8.5-7 桩机起吊桩

图 8.5-8 焊接桩尖

图 8.5-9 锤击沉桩

（1）场地平整：把试桩施工区域内的场地用挖机等机械设备进行平整，为桩机提供施工工作面等。

（2）桩机就位：将打桩机就位至要打桩桩位上，将桩段吊入桩机的夹桩器内，并夹紧该桩段，焊接桩尖，然后将桩尖定位于桩位中心，由负责桩位检查的人员检查是否就位准确，再请监理人员核准确认。

（3）校正桩的垂直度：调整桩机支腿油缸活塞杆的伸出长度，使桩机平台保证水平，将管桩送入土 1m，从主机室指挥互相垂直方向上架设的铅锤吊线，结合全站仪对桩进行校正，检测桩的垂直度，直至达到规范及质量检验标准。

（4）起吊预制桩：先拴好吊桩的钢丝绳及索具，然后应用索具捆绑住桩上端约 50cm 处，起动机器起吊预制桩，使桩尖对准桩位中心，缓缓放下插入土中。插桩必须正直，其垂直度偏差不得超过 0.5%，再在桩顶扣好桩帽，即可卸去索具。桩帽与桩周边应留 5 ~ 10mm 的间隙，锤与桩帽、桩帽与桩顶之间应有相应的弹性衬垫，一般采用麻袋等衬垫材料，锤击压缩后的厚度以 120 ~ 150mm 为宜，在锤击过程中，应经常检查，及时更换。

（5）稳桩：桩在打入前，应在桩的侧面或桩架上设置标尺，以便在施工中观测、记录。桩尖插入桩位时，桩的垂直度偏差不得超过 0.5%。10m 以内短桩可目测或吊线坠纵横双向校正；10m 以上或打接桩必须用线坠或全站仪纵横双向校正，不得用目测。用自由落锤打桩时，初始阶段落距应小些，宜为 0.5m 左右，待桩入土一定深度并稳定后，再按正常落距锤击，落距不宜大于 1.5m。

（6）打桩：锤击施打时，桩锤、桩帽和桩身应自始至终保持在同一中心线上，力戒打偏，如有偏差应随时纠正。打桩宜重锤低击，锤重的选择应根据地质条件、桩的类型、结构、密集程度、单桩竖向承载力及现有施工条件选用。

打桩顺序一般按先深后浅、先长桩后短桩、先大径后小径、先施工大承台桩后施工小承台桩的原则，由于桩的密集程度不同，可自中间分两向对称前进，或自中间向四周进行；当一侧毗邻建筑物时，由毗邻建筑物处向另一方向施打。

管桩表面应每米划线标记，以便做好打桩记录，打桩记录应包括入土深度、送桩深度、桩顶标高、最后贯入度、桩锤落距等施工参数。

（7）接桩：一般在距地面 1m 进行。焊接接桩时，上下节桩的中心线偏差不得大于 5mm；采用其他接桩方法时，上下节桩的中心线偏差不得大于 10mm；节点弯曲矢高不得大于 1‰桩长。焊接接桩应符合下列规定：焊接电流应适中；焊件表面应用铁刷子清刷干净；上下节桩之间的间隙应用钢片垫密焊牢；焊接时，应采取措施，一般对称焊接，以减少变形；焊缝应连续饱满，每个接头的焊缝不得少于两层；焊完一层后，应及时清除焊渣；每层焊缝的接头应错开；大雨时不宜施焊，除非有安全可靠的防雨措施；接桩处的焊缝应自然冷却 8min 后才打入土中，严禁用水冷却；对外露铁件应刷防腐漆。

（8）检查验收：根据地质资料核对桩尖入土深处的地质情况，进行中间验收。在控制时，最后三阵贯入度为 2 ~ 5cm 方可收锤。如发现桩位与要求相差较大时，应会同有关单位研究处理，最后填写好打桩施工记录，即可移机至下一个桩位。

（9）截桩头：当终打后桩段高于地面时，对桩头采取保护措施，以防止桩机行走时碰撞桩头影响桩的承载力。开挖后对桩顶标高进场测量标注，对多余的桩长进行切割，采用专用割桩机，由内箍迫紧管桩，外箍沿内箍轨道行走，割桩机装在外箍边缘上，沿管桩外围在所需的位置上切割，切割位置可通过上下调校内箍而定，最后一节桩桩顶须高出设计桩顶标高 1.5D 供锯桩之用，锯桩须用专用锯桩机；抗拔桩的桩头则须手工凿去其中的混凝土，留下的预应力钢筋锚入承台。截桩示意图如图 8.5-10 所示。

图 8.5-10 截桩示意图

（10）验收

1）验收项目：桩顶标高、桩长、桩位偏差、承载力；

2）移机：各项验收合格后，拔出送桩器移机下一桩位。

（11）检测

静载检测、小应变检测分别如图 8.5-11、图 8.5-12 所示。

图 8.5-11 静载检测图

图 8.5-12 小应变检测图

2. 质量控制要点

（1）明确桩型及设计说明。清楚设计图纸设计要求，主要了解预应力混凝土管桩的桩径、规格、型号，桩的类型（端承桩或摩擦桩），设计桩长，持力层土质，桩端进入持力层的深度，设计单桩竖向承载力设计值，设计要求的锤重，落锤高度，最后三阵锤（每阵 10 锤）平均每阵锤的贯入度。

（2）准确无误进行桩位测量放线。根据建设单位提供的控制点和水准点，用测量仪器将点引到工地附近便于保护坚固的地方，然后进行定位测量、放线。放轴线桩，从控制点引出，在打桩附近设置，使用 5cm × 5cm × 40cm 的木方或做混凝土墩，数量按工程的复杂程度而定，一般不少于5个。桩位测量放线：以轴线桩为基准线测出各轴线，按图线测量桩位，钉 Φ4cm，长15cm小圆木。桩位定好后，周围撒上白灰，以示标志。轴线桩与桩位全部放好后，必须进行自检，再请建设、设计、监理等有关单位复验，符合设计要求后方可进行下道工序施工。

（3）混凝土管桩进场验收及桩机检查

混凝土管桩进场要有施工员、施工班组长、项目专业质量检查员会同专业监理工程师或建设单位项目专业技术负责人现场对管桩质量及外观质量进行检查，确认无质量问题验收签字后才能使用。

1）桩体构件型号、制作日期应标明在桩身上。标识清晰、规范。直观检查，核对桩出厂合格证。

2）检查桩出厂合格证及厂家提供的出厂检验报告，所提供的数据必须符合设计和规范要求。

3）桩身预埋件和预留孔洞的材质、规格、位置和数量应符合设计和规范要求。

4）预应力管桩外观不得有明显缺陷，无蜂窝、露筋、裂缝，色感均匀，桩顶处无孔隙。

5）管桩尺寸允许偏差如长度、外径、壁厚、保护层厚度等以及外观质量如粘皮和麻面、桩身合缝漏浆、局部磕损等，要按相关验收规定每项仔细检查验收是否满足设计和规范要求。

6）打桩施工前应对机械设备进行全面检查，确认其机械能力满足施工要求后才能施工。

（4）锤击混凝土预制桩的施工质量控制

根据现行行业标准《建筑桩基技术规范》JGJ 94关于锤击沉桩有下列规定：

1）沉桩前必须处理空中和地下障碍物，场地应平整，排水应畅通，并应满足打桩所需的地面承载力。

2）桩打入时应符合下列规定：①桩帽或送桩帽与桩周围的间隙应为5 ~ 10mm；②锤与桩帽、桩帽与桩之间应加设硬木、麻袋、草垫等弹性衬垫；③桩锤、桩帽或送桩帽应和桩身在同一中心线上；④桩插入时的垂直度偏差不得超过0.5%。

3）打桩顺序要求应符合下列规定：①对于密集桩群，自中间向两个方向或四周对称施打；②当一侧毗邻建筑物时，由毗邻建筑物处向另一方向施打；③根据基础的设计标高，宜先深后浅；④根据桩的规格，宜先大后小，先长后短。

4）打入桩的桩位允许偏差，应符合表8.5-2的规定。斜桩倾斜度的偏差不得大于倾斜角正切值的15%（倾斜角系桩的纵向中心线与铅垂线间夹角）。

5）桩终止锤击的控制应符合下列规定：①当桩端位于一般土层时，应以控制桩端设计标高为主，贯入度为辅；②桩端达到坚硬、硬塑的黏性土、中密以上粉土、砂土、碎石类土及风化岩时，应以贯入度控制为主，桩端标高为辅；③贯入度已达到设计要求

打入桩的桩位允许偏差 表 8.5-2

项目	允许偏差
带有基础梁的桩：（1）垂直基础梁的中心线 （2）沿基础梁的中心线	100+0.01H 150+0.01H
桩数为 1 ~ 3 根桩基中的桩	100
桩数为 4 ~ 16 根桩基中的桩	1/2 桩径或边长
桩数大于 16 根桩基中的桩：（1）最外边的桩 （2）中间桩	1/3 桩径或边长 1/2 桩径或边长

注：H 为施工现场地面标高与桩顶设计标高的距离。

而桩端标高未达到时，应继续锤击 3 阵，并按每阵 10 击的贯入度不应大于设计规定的数值确认，必要时，施工控制贯入度应通过试验确定。

6）锤击沉桩送桩应符合下列规定：①送桩深度不宜大于 2.0m；②当桩顶打至接近地面需要送桩时，应测出桩的垂直度并检查桩顶质量，合格后应及时送桩；③送桩的最后贯入度应参考相同条件下不送桩时的最后贯入度并修正；④送桩后遗留的桩孔应立即回填或覆盖；⑤当送桩深度超过 2.0m 且不大于 6.0m 时，打桩机应为三点支撑履带自行式或步履式柴油打桩机。桩帽和桩锤之间应用竖纹硬木或盘圆层叠的钢丝绳作“锤垫”，其厚度宜取 150 ~ 200mm。

（5）控制好桩的接桩质量

根据现行行业标准《建筑桩基技术规范》JGJ 94 关于混凝土预制桩的接桩有下列规定：

1）桩头应与管桩围焊封闭，焊缝厚度 6mm，焊好后的桩接头应自然冷却后方可继续施打，严禁用水冷却或焊好后施打，以免焊缝接口变脆而被打裂。

2）焊接、接桩除应符合相关标准规定外，尚应符合下列规定：①当管桩需要接长时，其入土部分桩段宜高出地面 0.5 ~ 1.0m；②下节桩的桩头处宜设导向箍以方便上节桩就位。接桩时上下节桩段应保持顺直，错位偏差不宜大于 2mm，桩节弯曲矢高不得大于桩长的 0.1%，且不得大于 20mm；③管桩对接前，上下端板表面应用铁刷子清刷干净，坡口处应刷至露出金属光泽；④焊接时应先在坡口周围对称点焊 4 ~ 6 点，待上下桩节固定后拆除导向箍再分层施焊，施焊宜由两个焊工对称进行；⑤焊接层数不得少于两层，内层焊必须清理干净后方能施焊外一层，内外层焊缝接头位置应错开，焊缝应饱满连续。

3. 打桩常遇问题及防治措施与处理方法（表 8.5-3）。

打桩常遇问题及防治措施与处理方法 表 8.5-3

常遇问题	产生原因	防治措施及处理方法
桩头打坏	桩头强度低，桩顶凹凸不平；保护层过厚；锤与桩不垂直；落锤过高；锤击过久；遇坚硬土层或夹层	按产生原因分别纠正

续表

常遇问题	产生原因	防治措施及处理方法
桩身扭转或位移	桩尖不对称；桩身不垂直	可用棍撬、慢锤低击纠正；偏差不大，可不处理
桩身倾斜或位移	一侧遇石块等障碍物，土层有陡的倾斜角；桩帽与桩身不在同一直线上	偏差过大，应拔出移位再压；入土不深（<1m）偏差不大时，可利用木架顶下，再慢锤打入；障碍物不深，可挖出回填土后再打
桩身破裂	突遇坚硬岩层，锤身落距过高	调整锤身
桩涌起	桩位布置过密；遇流砂或较软土	将浮起量大的重新打入，静载荷试验，不合要求的进行复打或重打，必要时可能还需引孔处理
桩急剧下沉	遇软土层、土洞；接头破裂，或桩尖劈裂；桩身弯曲或有严重的横向裂缝；落锤过高，接桩不垂直	将桩拔起检查改正重打，或在靠近原桩位补桩处理
桩不易沉入或达不到设计标高	遇到埋设物、坚硬土夹层；打桩间隙时间过长，摩阻力增大	遇障碍或碎石层，用钻孔机钻透后再打入；根据地质资料正确定桩位

8.6 检验与验收

8.6.1 静压桩的检验与验收

根据现行行业标准《建筑桩基技术规范》JGJ 94 规定，静压桩的质量验收标准见表 8.6-1。

静压桩的质量验收标准　　表 8.6-1

项目名称	检查项目	质量验收标准
静压预应力管桩	施工严格按照施工专项方案执行，施工机械应具有机械合格证书	
	成品桩外观无蜂窝、露筋、裂缝，色感均匀、桩顶处无孔隙。严禁使用质量不合格及在吊运过程中产生裂缝的桩	
	在吊运过程中应轻吊轻放，避免剧烈碰撞	
	对焊条或半成品硫磺胶泥产品合格证书、压桩用压力表、锚杆规格及质量进行检查	
	压桩顺序	当一侧毗邻建筑物时，由毗邻建筑物处向另一方向施打
		根据桩的规格，宜先大后小，先长后短
	静力压桩	第一节桩下压时垂直度偏差不应大于 0.5%；斜桩倾斜度的偏差不得大于倾斜角正切值的 15%（倾斜角系桩的纵向中心线与铅垂线间夹角）
		宜将每根桩一次性连续压到底，且最后一节有效桩长不宜小于 5m
		抱压力不应大于桩身允许侧向压力的 1.1 倍
	焊接接桩	钢板宜采用低碳钢，焊条宜采用 E43
		焊接时，下节桩段的桩头宜高出地面 0.5m
		下节桩的桩头处宜设导向箍。接桩时上下节桩段应保持顺直，错位偏差不宜大于 2mm
		接桩就位纠偏时，不得采用大锤横向敲打；桩对接前，上下端板表面应采用铁刷子清刷干净，坡口处应刷至露出金属光泽
		焊接宜在桩四周对称地进行，待上下桩节固定后拆除导向箍再分层施焊；焊接层数不得少于 2 层，第 1 层焊完后必须把焊渣清理干净，方可进行第 2 层施焊，焊缝应连续、饱满

续表

项目名称	检查项目	质量验收标准	
静压预应力管桩	焊接接桩	焊好后的桩接头应自然冷却后方可继续锤击，自然冷却时间不宜少于 8min；严禁采用水冷却或焊好即施打	
		雨天焊接时，应采取可靠的防雨措施；焊接接头的质量检查，对于同一工程探伤抽样检验不得少于 3 个接头	
	静压送桩	测量桩的垂直度并检查桩头质量，合格后方可送桩，压、送作业应连续进行	
		送桩应采用专制钢质送桩器，不得将工程桩用做送桩器	
		当场地上多数桩的有效桩长 L 小于或等于 15m 或桩端持力层为风化软质岩，可能需要复压时，送桩深度不宜超过 1.5m	
		除满足本条上述 3 款规定外，当桩的垂直度偏差小于 1%，且桩的有效桩长大于 15m 时，静压桩送桩深度不宜超过 8m	
	静压终止	应根据现场试压桩的试验结果确定终压力标准	
		终压连续复压次数应根据桩长及地质条件等因素确定。对于入土深度大于或等于 8m 的桩，复压次数可为 2 ~ 3 次；对于入土深度小于 8m 的桩，复压次数可为 3 ~ 5 次	
		稳压压桩力不得小于终压力，稳定压桩的时间宜为 5 ~ 10s	
	注意事项	场地地基承载力不应小于压桩机接地压强的 1.2 倍，且场地应平整	
		压桩机的每件配重必须用量具核实，并将其质量标记在该件配重的外露表面；液压式压桩机的最大压桩力应取压桩机的机架重量和配重之和乘以 0.9	
		最大压桩力不得小于设计的单桩竖向极限承载力标准值，必要时可由现场试验确定	
		压桩过程中应测量桩身的垂直度。当桩身垂直度偏差大于 1% 时，应找出原因并设法纠正；当桩尖进入较硬土层后，严禁用移动机架等方法强行纠偏	
		在压桩施工过程中应对总桩数 10% 的桩设置上涌和水平偏位观测点，定时检测桩的上浮量及桩顶水平偏位值，若上涌和偏位值较大，应采取复压等措施	
		施工现场应配备桩身垂直度观测仪器（经纬仪或长条水准尺）和观测人员，随时量测桩身垂直度	
		出现下列情况应停止作业分析原因，采取相应措施： （1）压力表读数显示情况与勘察报告中的土层性质明显不符； （2）桩难以穿越具有软弱下卧层的硬夹层； （3）实际桩长与设计桩长相差较大； （4）出现异常响声，压桩机械工作状态出现异常； （5）桩身出现纵向裂缝和桩头混凝土出现剥落等异常现象； （6）夹持机构打滑； （7）压桩机下陷	
	放样偏差	群桩 20mm	
		单排桩 10mm	
	桩位偏差	盖有基础梁的桩	垂直基础梁中心线最大允许偏差是 100+0.01H
			沿基础梁中心线最大允许偏差是 150+0.01H
		桩数为 1 ~ 3 根桩基中的桩最大允许偏差是 100mm	
		桩数为 4 ~ 16 根桩基中的桩最大允许偏差是 1/2 桩径或边长	
		桩数大于 16 根桩基中的桩	最外边的桩最大允许偏差是 1/3 桩径或边长
			中间桩最大允许偏差是 1/2 桩径或边长
	桩顶标高	± 50mm	

续表

项目名称	检查项目	质量验收标准
静压预应力管桩	桩顶平整度	± 10mm
	工程资料	施工方案、桩位图、成桩检验批、成桩报告、检测资料，以及隐蔽工程验收记录、成桩竣工图

8.6.2 锤击桩的检验与验收

根据现行行业标准《建筑桩基技术规范》JGJ 94 规定，锤击桩的质量验收标准见表 8.6-2。

锤击桩的质量验收标准　　表 8.6-2

项目名称	检查项目	质量验收标准
锤击预应力管桩	施工严格按照施工专项方案执行，施工机械应具有机械合格证书	
	成品桩外观无蜂窝、露筋、裂缝，色感均匀、桩顶处无孔隙。严禁使用质量不合格及在吊运过程中产生裂缝的桩	
	在吊运过程中应轻吊轻放，避免剧烈碰撞	
	锤桩顺序	对于密集桩群，自中间向两个方向或四周对称施打
		当一侧毗邻建筑物时，由毗邻建筑物处向另一方向施打
		根据基础的设计标高，宜先深后浅
		根据桩的规格，宜先大后小，先长后短
	锤击沉桩	桩帽或送桩帽与桩周围的间隙应为 5 ~ 10mm
		锤与桩帽、桩帽与桩之间应加设硬木、麻袋、草垫等弹性衬垫
		桩锤、桩帽或送桩帽应和桩身在同一中心线上
		桩插入时的垂直度偏差不得超过 0.5%。斜桩倾斜度的偏差不得大于倾斜角正切值的 15%（倾斜角系桩的纵向中心线与铅垂线间夹角）
	焊接接桩	钢板宜采用低碳钢，焊条宜采用 E43，检查产品合格证
		焊接时，下节桩段的桩头宜高出地面 0.5m
		下节桩的桩头处宜设导向箍。接桩时上下节桩段应保持顺直，错位偏差不宜大于 2mm
		接桩就位纠偏时，不得采用大锤横向敲打；桩对接前，上下端板表面应采用铁刷子清刷干净，坡口处应刷至露出金属光泽
		焊接宜在桩四周对称地进行，待上下桩节固定后拆除导向箍再分层施焊；焊接层数不得少于 2 层，第 1 层焊完后必须把焊渣清理干净，方可进行第 2 层施焊，焊缝应连续、饱满
		焊好后的桩接头应自然冷却后方可继续锤击，自然冷却时间不宜少于 8min；严禁采用水冷却或焊好即施打
		雨天焊接时，应采取可靠的防雨措施；焊接接头的质量检查，对于同一工程探伤抽样检验不得少于 3 个接头
	锤桩送桩	送桩深度不宜大于 2.0m
		当桩顶打至接近地面需要送桩时，应测出桩的垂直度并检查桩顶质量，合格后应及时送桩
		送桩的最后贯入度应参考相同条件下不送桩时的最后贯入度并修正
		送桩后遗留的桩孔应立即回填或覆盖

续表

<table>
<tr><th>项目名称</th><th>检查项目</th><th colspan="2">质量验收标准</th></tr>
<tr><td rowspan="25">锤击预应力管桩</td><td rowspan="3">锤桩终止</td><td colspan="2">当桩端位于一般土层时，应以控制桩端设计标高为主，贯入度为辅</td></tr>
<tr><td colspan="2">桩端达到坚硬、硬塑的黏性土、中密以上粉土、砂土、碎石类土及风化岩时，应以贯入度控制为主，桩端标高为辅</td></tr>
<tr><td colspan="2">贯入度已达到设计要求而桩端标高未达到时，应继续锤击 3 阵，并按每阵 10 击的贯入度不应大于设计规定的数值确认，必要时，施工控制贯入度应通过试验确定</td></tr>
<tr><td rowspan="5">注意事项</td><td colspan="2">沉桩前必须处理空中和地下障碍物，场地应平整，排水应畅通，并应满足打桩所需的地面承载力</td></tr>
<tr><td colspan="2">桩锤的选用应根据地质条件、桩型、桩的密集程度、单桩竖向承载力及现有施工条件等因素确定</td></tr>
<tr><td colspan="2">当遇到贯入度剧变，桩身突然发生倾斜、位移或有严重回弹、桩顶或桩身出现严重裂缝、破碎等情况时，应暂停打桩，并分析原因，采取相应措施</td></tr>
<tr><td colspan="2">总锤击数及最后 1.0m 沉桩锤击数应根据当地工程经验或试桩确定</td></tr>
<tr><td colspan="2">施工现场应配备桩身垂直度观测仪器（长条水准尺或经纬仪）和观测人员，随时量测桩身的垂直度</td></tr>
<tr><td rowspan="6">成品桩质量</td><td colspan="2">无蜂窝、露筋、裂缝，色感均匀、桩顶处无孔隙</td></tr>
<tr><td>桩径</td><td>± 4mm</td></tr>
<tr><td>管壁厚度</td><td>± 4mm</td></tr>
<tr><td>桩尖中心线</td><td>＜ 2mm</td></tr>
<tr><td>顶面平整度</td><td>8mm</td></tr>
<tr><td>桩体弯曲</td><td>＜ 1/1000L</td></tr>
<tr><td rowspan="2">放样偏差</td><td colspan="2">群桩 20mm</td></tr>
<tr><td colspan="2">单排桩 10mm</td></tr>
<tr><td rowspan="6">桩位偏差</td><td rowspan="2">盖有基础梁的桩</td><td>垂直基础梁中心线最大允许偏差 100+0.01H</td></tr>
<tr><td>沿基础梁中心线最大允许偏差是 150+0.01H</td></tr>
<tr><td colspan="2">桩数为 1 ~ 3 根桩基中的桩最大允许偏差是 100mm</td></tr>
<tr><td colspan="2">桩数为 4 ~ 16 根桩基中的桩最大允许偏差是 1/2 桩径或边长</td></tr>
<tr><td rowspan="2">桩数大于 16 根桩基中的桩</td><td>最外边的桩最大允许偏差是 1/3 桩径或边长</td></tr>
<tr><td>中间桩最大允许偏差是 1/2 桩径或边长</td></tr>
<tr><td>桩顶标高</td><td colspan="2">± 50mm</td></tr>
<tr><td>桩顶平整度</td><td colspan="2">± 10mm</td></tr>
<tr><td>工程资料</td><td colspan="2">施工方案、桩位图、成桩报告、成桩检验批、检测资料、隐蔽工程验收记录、成桩竣工图</td></tr>
</table>

锤击预制桩质量检验标准见表 8.6-3。

锤击预制桩质量检验标准表 表 8.6-3

<table>
<tr><th rowspan="2">项目</th><th rowspan="2">序号</th><th rowspan="2">检查项目</th><th colspan="2">允许值或允许偏差</th><th rowspan="2">检查方法</th></tr>
<tr><th>单位</th><th>数值</th></tr>
<tr><td rowspan="2">主控项目</td><td>1</td><td>承载力</td><td colspan="2">1350kN</td><td>静载试验、高应变法等</td></tr>
<tr><td>2</td><td>桩身完整性</td><td colspan="2">—</td><td>低应变法</td></tr>
<tr><td rowspan="10">一般项目</td><td>1</td><td>成品桩质量</td><td colspan="2">表面平整，颜色均匀，掉角深度小于10mm，蜂窝面积小于总面积的 0.5%</td><td>查产品合格证</td></tr>
<tr><td>2</td><td>桩位</td><td colspan="2">见表 8.5-2</td><td>全站仪或用钢尺量</td></tr>
<tr><td>3</td><td>电焊条质量</td><td colspan="2">/</td><td>/</td></tr>
<tr><td rowspan="4">4</td><td>接桩：焊缝质量</td><td colspan="2">无气孔，无焊瘤，无裂缝</td><td>目测法</td></tr>
<tr><td>电焊结束后停歇时间</td><td>min</td><td>≥ 8</td><td>用表计时</td></tr>
<tr><td>上下节平面偏差</td><td>min</td><td>≤ 10</td><td>用钢尺量</td></tr>
<tr><td>节弯曲矢高</td><td colspan="2">同桩体弯曲要求</td><td>用钢尺量</td></tr>
<tr><td>5</td><td>收锤标准</td><td colspan="2">最后三阵贯入度 2 ~ 5cm 收锤</td><td>用钢尺量或查沉桩记录</td></tr>
<tr><td>6</td><td>桩顶标高</td><td>mm</td><td>± 50</td><td>水准测量</td></tr>
<tr><td>7</td><td>垂直度</td><td colspan="2">≤ 1/100</td><td>经纬仪测量</td></tr>
</table>

8.7 质量通病防治

质量通病防治见表 8.7-1。

质量通病防治 表 8.7-1

质量通病	沉桩困难、达不到设计标高
形成原因	（1）压桩设备桩选型不合理，设备吨位小，能量不足； （2）压桩时中途停歇时间过长； （3）压桩过程中设备突然出现故障，排除故障时间过长，或中途突然停电； （4）没有详细分析地质资料，忽略了浅层杂填土层中的障碍物及中间硬夹层等的存在情况； （5）忽略了桩距过密或压桩顺序不当，人为形成“封闭”桩，使地基土挤密，强度增加； （6）桩身强度不足，沉桩过程中桩顶、桩身或桩尖破损，被迫停压； （7）桩就位插入倾斜过大，引起沉桩困难，甚至与邻桩相撞； （8）桩的接头较多且焊接质量不好或桩端停在硬夹层中进行接桩
防治措施	（1）配备合适压桩设备，保证设备有足够压入能力； （2）一根桩应连续压入，严禁中途停歇； （3）进场前对设备进行大修保养，施工时进行例行检修，确保压桩施工时设备正常运行，避开停电时间施工； （4）分析地质资料，清除浅层障碍物。配足压重，确保桩能压穿土层中的硬夹层； （5）制定合理的压桩顺序及流程，严禁形成“封闭”桩； （6）严格控制各个环节质量关，加强进场桩的质量验收，保证桩的质量满足设计要求； （7）桩就位插入时如倾斜过大应将桩拔出，待清除障碍物后再重新插入，确保压入桩的垂直度； （8）合理选择桩的搭配，避免在砂质粉土、砂土等硬土层中焊接桩，采用 3 ~ 4 台焊机同时对称焊接，尽量缩短焊接时间，使桩被快速连续压入

续表

质量通病	沉桩困难、达不到设计标高
相关图片或示意图	 
质量通病	桩偏移或倾斜过大
形成原因	（1）压桩机设备桩身（平台）没有调平； （2）压桩机立柱和设备桩身（平台）不垂直； （3）就位插入时精度不足； （4）受相邻送桩孔的影响； （5）受地下障碍物或暗浜、场地下陷等影响； （6）送桩杆、压头、桩不在同一轴线上，或桩顶不平整所造成的施工偏压； （7）桩尖偏斜或桩体弯曲
防治措施	（1）压桩施工时一定要用顶升油缸将桩机设备桩身（平台）调平； （2）压桩施工前应将立柱和设备桩身（平台）调至垂直满足要求； （3）桩插入时对中误差控制在10mm，并用两台经纬仪在互相垂直的两个方向校正其垂直度； （4）施工前详细调查掌握工程环境、场址建筑历史和地层土性、暗浜的分布和填土层的特性及其分布状况，预先清除地下障碍物等； （5）施工时应确保送桩杆、压头、桩在同一轴线上，并在沉桩过程中随时校验和调整
相关图片或示意图	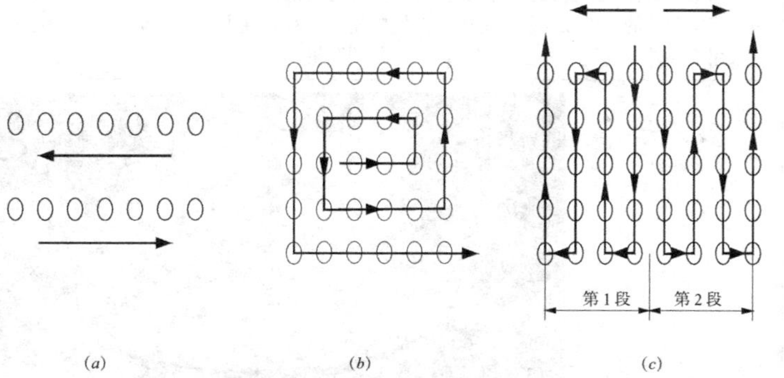 第1段 第2段 (a) (b) (c) （a）逐排打设；（b）自中部向四周打设；（c）由中间向两侧打设
质量通病	桩达到设计标高或深度，但桩的承载能力不足
形成原因	（1）设计桩端持力层面起伏较大； （2）地质勘察资料不详细，古河道切割区未查清楚，造成设计桩长不足，桩尖未能进入持力层足够的深度； （3）试桩时休止期没达到规范规定的时间而提前测试，或测试时附近正在打桩，桩周土体仍在扰动中
防治方法	（1）当知道桩端持力层面起伏较大时，应对其分区并且采用不同的桩长。压桩施工时除标高控制外，尚应控制最终压入力； （2）当压桩时发现某个区域最终压桩力明显比其他区域偏低时，应进行补勘以查清是否存在古河道切割区等不良地质现象。针对特殊情况及时和设计单位联系，通过变更设计改变布桩或增加桩数或增加桩长等措施来满足设计承载力。对开口桩，可考虑在桩尖端设置十字加强筋或其他半闭口桩尖等形式，以谋求增加尖端闭塞效应的方法，来提高桩的承载能力； （3）试桩的休止期一定满足规范规定，试桩时桩周1.5倍桩长范围内严禁打桩等作业

续表

质量通病	桩达到设计标高或深度，但桩的承载能力不足
相关图片或示意图	
质量通病	压桩阻力与地质资料或试验桩所反映阻力相比有异常现象
形成原因	（1）桩端持力层层面起伏较大； （2）地面至持力层层间存在硬透镜体； （3）地下有障碍物未清除掉； （4）压桩顺序和压桩进度安排不合理
防治方法	（1）按照持力面的起伏变化减小或增大桩的入土深度，压桩时除以标高控制为主外，还应以压入力作参考； （2）配备有足够压入能力的压桩设备，提高压桩精度，防止桩体破损； （3）用钢送桩杆先进行桩位探测，查清并清除遗漏的地下障碍物； （4）确定合理的压桩顺序及合适的日沉桩数量。对有砂性土夹层分布区，桩尖可适当加长，压桩顺序应尽量采用中心开花的施工方法，严禁形成“封闭”桩
相关图片或示意图	
质量通病	桩体破损，影响桩的继续下沉
形成原因	（1）由于制桩质量不良或运输堆放过程中支点位置不准确； （2）吊桩时，吊点位置不准确、吊索过短，以及吊桩操作不当； （3）压桩时，桩头强度不足或桩头不平整、送桩杆与桩不同心等所引起的施工偏压，造成局部应力集中； （4）送桩阶段压入力过大超过桩头强度，送桩尺寸过大或倾斜所引起的施工偏压； （5）桩尖强度不足，地下障碍物或孤块石冲撞等； （6）压桩时桩体强度不足，桩单节长度较长且桩尖进入硬夹层，桩顶冲击力过大，桩突然下沉，施工偏压，强力进行偏位矫正，桩的细长比过大，接桩质量不良，桩距较小且桩布较密

续表

质量通病	桩体破损，影响桩的继续下沉
防治措施	（1）桩身混凝土强度达到设计值的70%方可起吊脱模，达到100%方可施工。运桩时，桩体强度应满足设计施工要求，支点位置正确，上下支点应对齐； （2）吊桩时，桩体强度应满足设计施工要求，支点位置正确，起吊均匀平稳，水平吊运采取两点吊，吊点距桩端0.207*L*。单点起吊时吊点距桩端0.293*L*（*L*为桩长）。起吊过程中应防止桩体晃动或其他物体碰撞； （3）使用同桩径的送桩杆，保持压头、送桩杆、桩体在同一轴线上，避免施工偏压； （4）确保桩的养护期，提高混凝土强度等级以增强桩体强度。桩头设置钢帽、桩尖设置钢桩靴等； （5）根据地基土性和布桩情况，确定合理的压桩顺序； （6）保证接头质量，用楔形垫铁填实接头间隙。提高桩的就位和压入精度，避免强力矫正。压入时应保证一根桩连续压入，严禁中途停歇
相关图片或示意图	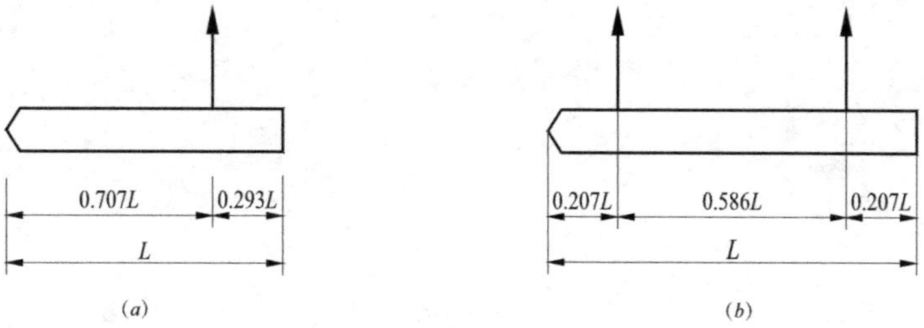 0.707*L* 0.293*L* *L* （*a*） 0.207*L* 0.586*L* 0.207*L* *L* （*b*） （*a*）单点起吊；（*b*）双点起吊

8.8 优劣势和费用、工效

优劣势和费用、工效见表8.8-1。

优劣势和费用、工效（仅供参考） 表8.8-1

优劣势和费用、工效	静压管桩	锤击管桩
单机日效率	250m/台/12h	300m/台/12h
优点	（1）噪声低，无振动，可24h施工； （2）场地整洁，文明施工程度高； （3）可送桩较深，截桩量少； （4）桩头较为完整，易复压	（1）砂层穿透力强； （2）有利于施工边桩； （3）施工速度较快
缺点	（1）具有挤土效应，对周边环境及地下管线有一定影响； （2）对场地地基承载力要求较高，地表软弱处须提前处理； （3）地下障碍多或有孤石时易斜桩或断桩； （4）入岩或砂层较厚地质须引孔	（1）具有挤土效应，对周边环境及地下管线有一定影响； （2）施工噪声大； （3）施工中会产生振动，影响范围内的地面； （4）入岩或砂层较厚地质须引孔
造价（综合单价）	400mm桩径造价约240元/m； 500mm桩径造价约373元/m； 600mm桩径造价约476元/m	400mm桩径造价约238元/m； 500mm桩径造价约381元/m； 600mm桩径造价约478元/m

第三篇 地基处理

第9章　夯实地基

9.1 基本介绍及适用范围

（1）夯实地基，重锤自由下落的冲击能夯实浅层填土地基，使表面形成一层较为均匀的硬土层来承受上部荷载的地基。

（2）夯实地基是利用起重机械反复将夯锤提到高处使其自由落下，给地基以冲击和振动能量，将地基土夯实，从而提高地基的承载力，降低其压缩性，改善地基性能。

（3）夯实地基可分为强夯和强夯置换处理地基。强夯处理地基适用于碎石土、砂土、低饱和度的粉土与黏性土、湿陷性黄土、素填土和杂填土等地基；强夯置换适用于高饱和度的粉土与软塑~流塑的黏性土地基上对变形要求不严格的工程。

9.2 主要规范标准文件

（1）《建筑地基基础工程施工质量验收标准》GB 50202；

（2）《建筑地基基础设计规范》GB 50007；

（3）《复合地基技术规范》GB/T 50783；

（4）《岩土工程勘察规范》GB 50021；

（5）《湿陷性黄土地区建筑标准》GB 50025；

（6）《建筑地基处理技术规范》JGJ 79；

（7）《建筑地基检测技术规范》JGJ 340；

（8）《强夯地基处理技术规程》CECS 279；

（9）《地基处理手册》（第三版）；

（10）其他现行相关规范标准、文件等。

9.3 设备及参数

（1）夯实地基用强夯机主要由夯锤、起重机具、脱钩器、顶部滑轮组、立柱、斜撑杆、底盘、行走机构、回转机构、卷扬机构、操纵室及电气系统组成。强夯机如图 9.3-1 所示。

图 9.3-1 强夯机

1—强夯机；2—支撑门架；3—夯锤；4—脱钩装置

（2）设备参数

常见设备型号及主要技术参数见表 9.3-1。

常见设备型号及主要技术参数表 表 9.3-1

型号	输出功率（kW）	额定转速（rpm）	夯能级（t·m）	允许夯锤重量（t）	最大提升高度（m）	提升速度（m/min）	行走速度（km/h）	爬坡能力（%）	桩架形式
三一重工 SQH320	179	2000	350/800	20/40	26	0 ~ 120	0 ~ 1.4	40	履带式
三一重工 SQH400	251	2200	400/800	20/40	20	0 ~ 40	0 ~ 1.4	30	履带式
杭重 HZQH7000	247	1900	700/1500	35/70	26.2	0 ~ 94	0 ~ 1.2	30	履带式
山河智能 SWTM500	213	2200	500/1000	20/40	25	0 ~ 85	0 ~ 1.6	40	履带式
宇通重工 YTQH400	160	2000	400/800	20/40	28.7	0 ~ 93	0 ~ 1.3	35	履带式

（3）夯锤规格

强夯夯锤质量宜为 10 ~ 60t，其底面形式宜采用圆形，锤底面积宜按土的性质确定，锤底静接地压力值宜为 25 ~ 80kPa，单击夯击能高时，取高值，单击夯击能低时，取低值，对于细颗粒土宜取低值。锤的底面宜对称设置若干个上下贯通的排气孔，孔径宜为

300 ~ 400mm。应符合现行行业标准《建筑地基处理技术规范》JGJ 79 中第 6.3.4 条的规定。普通锤一般直径 2.4 ~ 2.5m，重 8 ~ 50t。必须有透气孔，孔的作用是通气，避免锤被土吸住提不起来。置换锤一般直径 1 ~ 1.5m，重量在 10 ~ 25t，不设通气孔，因其直径小，须在侧面设槽通气。

9.4 材料及参数

强夯置换地基可采用级配良好的块石、碎石、矿渣、工业废渣、建筑材料等坚硬粗颗粒材料，粒径不宜大于夯锤底面积直径的 0.2 倍，含泥量不宜大于 10%，且粒径大于 300mm 的颗粒含量不宜超过 30%。应符合现行行业标准《建筑地基处理技术规范》JGJ 79 中第 6.3.5 条的规定。

9.5 常规工艺流程及质量控制要点

9.5.1 工艺流程

常规工艺流程如图 9.5-1 所示。

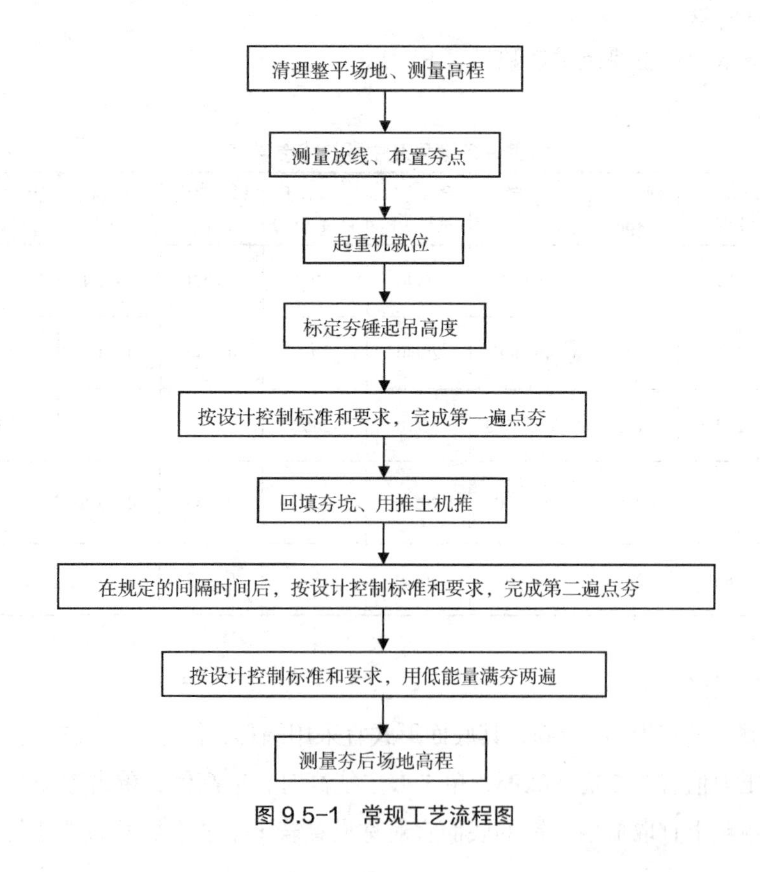

图 9.5-1 常规工艺流程图

9.5.2　施工准备

（1）岩土工程勘察报告、设计文件、图纸会审纪要、施工组织设计等已备齐。

（2）地上、地下障碍物处理完毕，达到“三通一平”，施工设施准备就绪。现场已设置测量基准线、水准基点，并加以保护，施工前已复核点位。

（3）施工前需要检查整套施工设备，确保设备状态良好，禁止携带故障的设备进场。

（4）做好施工相关的水、电管线布置工作，保证进场后可立即投入施工，施工现场内道路、基坑坡道应符合设备运输车辆和汽车吊的行驶要求，保证运输安全。

（5）组装设备时需要设立隔离区，由专人指挥，非安装人员不得在组装区域内，严格按程序组装。

（6）开工前应对施工人员进行质量、安全技术教育，并完成技术交底。

9.5.3　质量控制要点

1. 强夯试验

（1）为确保强夯法在各工程地质条件下的可行性，强夯和强夯置换施工前，应在施工现场有代表性的场地选取一个或几个试验区，进行试夯或试验性施工。每个试验区面积不宜小于 20m × 20m，试验区数量应根据建筑场地复杂程度、建筑规模及建筑类型确定。通过预埋仪器、仪表对空隙水压力和地表加速度等参数进行监测，确定强夯的设计、施工参数。通过加固效果检测，确定强夯的正式施工参数。应符合现行行业标准《建筑地基处理技术规范》JGJ 79 中第 6.3.1 条的规定；

（2）场地地下水位高，影响施工或夯实效果时，应采取降水或其他技术措施进行处理。

2. 设计计算

（1）有效加固深度

强夯的有效加固深度，应根据现场试夯或地区经验确定。在缺少试验资料或经验时，可按现行行业标准《建筑地基处理技术规范》JGJ 79 中第 6.3.3 条的规定进行预估，见表 9.5-1。

强夯的有效加固深度（m）　　表 9.5-1

单击夯击能 E（kN · m）	碎石土、砂土等粗颗粒土	粉土、粉质黏土、湿陷性黄土等细颗粒土
1000	4.0 ~ 5.0	3.0 ~ 4.0
2000	5.0 ~ 6.0	4.0 ~ 5.0
3000	6.0 ~ 7.0	5.0 ~ 6.0
4000	7.0 ~ 8.0	6.0 ~ 7.0
5000	8.0 ~ 8.5	7.0 ~ 7.5

续表

单击夯击能 E（kN·m）	碎石土、砂土等粗颗粒土	粉土、粉质黏土、湿陷性黄土等细颗粒土
6000	8.5 ~ 9.0	7.5 ~ 8.0
8000	9.0 ~ 9.5	8.0 ~ 8.5
10000	9.5 ~ 10.0	8.5 ~ 9.0
12000	10.0 ~ 11.0	9.0 ~ 10.0

注：强夯法的有效加固深度应从最初起夯面算起；单击夯击能 E 大于 12000kN·m 时，强夯的有效加固深度应通过试验确定。

（2）夯锤和落距

夯锤和落距根据单点夯击能量大小，较适合的夯击能介于夯击能最低值。

（3）夯击的次数

夯击的次数应根据现场试夯的夯击次数和夯沉量关系曲线确定，并应同时满足下列条件。

1）最后两击的平均夯沉量，宜满足现行行业标准《建筑地基处理技术规范》JGJ 79 中第 6.3.3 条的要求（表 9.5-2），当单击夯击能 E 大于 12000kN·m 时，应通过试验确定。

最后两击的平均夯沉量（mm）　　表 9.5-2

单击夯击能 E（kN·m）	最后两击平均夯沉量不大于（mm）
$E < 4000$	50
$4000 \leqslant E < 6000$	100
$6000 \leqslant E < 8000$	150
$8000 \leqslant E < 12000$	200

2）夯坑周围地面不应发生过大的隆起。

3）不因夯坑过深而发生提锤困难。

（4）夯击的遍数

夯击的遍数应根据地基土的性质确定，可采用点夯 2 ~ 4 遍，对于渗透性较差的细颗粒土，应适当增加夯击遍数；最后以低能量满夯 2 遍，满夯可采用轻锤或低落距锤多次夯击，锤印搭接。应符合现行行业标准《建筑地基处理技术规范》JGJ 79 中第 6.3.3 条的规定。

（5）间隔时间

两遍夯击之间，应有一定的时间间隔，间隔时间取决于土中超静孔隙水压力的消散时间。当缺少实测资料时，可根据地基土的渗透性确定，对于渗透性较差的黏性土地基，间隔时间不应少于 14 ~ 21d；对于渗透性好的地基可连续夯击。应符合现行行业标准《建筑地基处理技术规范》JGJ 79 中第 6.3.3 条的规定。

（6）夯击点的布置

夯击点布置可根据基础底面形状，采用等边三角形、等腰三角形或正方形布置。第一遍夯击点间距可取夯锤直径的 2.5 ~ 3.5 倍，第二遍夯击点应位于第一遍夯击点之间。以后各遍夯击点间距可适当减小。对处理深度较深或单击夯击能较大的工程，第一遍夯击点间距宜适当增大。应符合现行行业标准《建筑地基处理技术规范》JGJ 79 中第 6.3.3 条的规定。

（7）夯击的范围

强夯处理范围应大于建筑物基础范围，每边超出基础外缘的宽度宜为基底下设计处理深度的 1/2 ~ 2/3，且不应小于 3m；对可液化地基，基础边缘的处理宽度，不应小于 5m；对湿陷性黄土地基应符合现行国家标准《湿陷性黄土地区建筑标准》GB 50025 的有关规定。

（8）夯击点的间距

1）确定原则：一般根据地基土的性质和要求处理的深度而定，以保证使夯击能量传递到深处和保护邻近夯坑周围所产生的辐射向裂隙。

2）强夯第一遍夯击点间距可取夯锤直径的 2.5 ~ 3.5 倍，第二遍夯击点位于第一遍夯击点之间。以后各遍夯击点间距可适当减小。

3）对处理深度较深或单击夯击能较大的工程，第一遍夯击点间距宜适当增大。

4）强夯置换墩间距应根据荷载大小和原土的承载力选定，当满堂布置时可取夯锤直径的 2 ~ 3 倍，对独立基础或条形基础可取夯锤直径的 1.5 ~ 2.0 倍，墩的计算直径可取夯锤直径的 1.1 ~ 1.2 倍。

3. 强夯法施工施工步骤

（1）清理并平整施工场地，测量场地高程，使场地达到强夯设计起夯面高程，施工过程中做好平面控制和高程控制工作。强夯前要求拟加固的场地必须具有一层稍硬的表层，使其能支承起重设备，并便于对所施工的“夯击能”得到扩散，同时也可加大地下水位与地表面的距离。对场地地下水位在 -2m 深度以下的砂砾石土层，可直接施行强夯，无需铺设垫层；对地下水位较高的饱和黏性土与易液化流动的饱和砂土，需要铺设砂、砂砾或碎石垫层才能进行强夯，否则土体会发生流动。垫层厚度随场地的土质条件、夯锤重量及其形状等条件而定。当场地土质条件好、夯锤小或形状构造合理、起吊时吸力小时，也可减少垫层厚度。垫层厚度一般为 0.5 ~ 2.0m，保证地下水位低于坑底面以下 2m。铺设的垫层不能含有黏土，高程控制如图 9.5-2 所示。

（2）测量放出强夯施工区域并测定标出第一遍夯击点的位置，测量场地高程，测量放点如图 9.5-3 所示。

（3）起重机就位，夯锤对准夯点位置，测校脱钩高度，用脱钩绳定死脱钩位置高度，夯锤落距标定如图 9.5-4 所示。

图 9.5-2　高程控制

图 9.5-3　测量放点

图 9.5-4　夯锤落距标定

（4）测量夯前夯锤顶高程。

（5）将夯锤起吊到预定高度，开启脱钩装置，夯锤脱钩自由下落，放下吊钩，测量锤顶高程；若发现因坑底倾斜而造成歪斜时，应及时将坑底整平，夯锤夯击和坑底整平分别如图 9.5-5、图 9.5-6 所示。

图 9.5-5 夯锤夯击

图 9.5-6 坑底整平

（6）重复步骤（5），按规定的停锤标准，完成一个夯点的夯击。按设计规定的夯击次数及控制标准，完成一个夯点的夯击。当夯坑过深，出现提锤困难，但无明显隆起，而尚未达到控制标准时，宜将夯坑回填至与坑顶齐平后，继续夯击。且应符合现行行业标准《建筑地基处理技术规范》JGJ 79 中第 6.3.3 条的要求。

夯击的停锤标准采用双控：

1）每点夯击次数不得少于试夯确定的击数。

2）以最后两击的平均夯沉量不大于下列数值作为主控。

3）单击夯击能小于 4000kN · m 时不大于 50mm。

4）单击夯击能为 4000 ~ 6000kN · m 时不大于 100 mm。

5）单击夯击能为 6000 ~ 8000kN · m 时不大于 150 mm。

6）单击夯击能为 8000 ~ 12000kN · m 时不大于 200 mm。

同时夯坑周围地面不应发生较大的隆起，不因夯坑过深而发生起锤困难。如在施工中遇到起锤困难等异常情况，达不到上述要求时，可采用补夯的办法直至达到标准，补夯须在满夯之前完成。

7）换夯点，重复步骤 3）~ 6），按设计强夯击点的次序图，完成第一遍全部夯点的夯击。

8）用推土机将夯坑填平，并测量场地高程，标出第二遍夯点的位置。

9）按规定的时间间隔，再按上述步骤，逐次完成全部夯击遍数。

10）推平场地，按设计控制标准和要求，最后采用低能量满夯，将场地表层松土夯实，并测量夯后场地高程。

9.5.4 强夯振动监测

（1）为了确定强夯振动对周围环境、建（构）筑物及高压塔的影响，应在试夯时对强夯可能产生的影响作出评估，采取相应措施减小振动。

（2）为了减少对周围环境的影响，应设置隔振沟，对强夯振动起衰减作用。隔振沟深度为 2.5 ~ 5m，离强夯范围 2 ~ 10m 沿线布置（根据现场实际情况确定）。

9.5.5 机具与设备

1. 测量设备

全站仪、水准仪若干台，用于测量放线、夯点布设及标高测量。

2. 起重设备

强夯一般采用带摩擦离合器的履带式起重机进行施工，根据不同的强夯能级选择合适的起重机规格。当起重机起重能力不够时，可以采取加设辅助支撑桅杆或龙门架的方法以增大起重能力、起重高度，当采用自动脱钩装置时，履带式起重机的起重能力一般取大于 1.5 倍锤重。

3. 夯锤

根据不同强夯能级和要求配置夯锤重量，然后根据土的性质和锤重确定夯锤底面积，锤底静压力一般取为 25 ~ 40kPa，对于粗颗粒土选较大值，锤底面积一般为 3 ~ 4m^2，对于细颗粒土宜取较小值，锤底面积一般不宜小于 6m^2。

4. 脱钩装置

脱钩装置一般采用自制可自动复位的滑轮组脱钩装置，可控制每次夯击落距一致。

5. 推土机

推土机用于场地平整、夯坑回填。

9.6 检验与验收

（1）一般规定

夯实地基工程应进行夯点、遍数及承载力检验。

（2）检验与检测

检查施工过程中的各项测试数据和施工记录，不符合设计要求时应补夯或采取其他有效措施。

（3）检测前准备

1）施工完成后应按桩基或复合地基的要求检查桩位偏差和桩顶标高。

2）强夯完成后应进行地基均匀性检测和地基承载力抽样检测。

3）现场检测前应调查、收集下列资料：

①收集被检测工程的岩土工程勘察资料或地基设计图纸、施工记录，了解施工工艺和施工中出现的异常情况。

②明确委托方的具体要求。

4）应根据调查结果和检测目的，选择检测方法并制定检测方案。检测方案宜包含工程及地质概况、检测方法及其依据的标准、抽样方案，所需的机械或人工配合，试验周期。

5）检测开始时间应符合现行行业标准《建筑地基处理技术规范》JGJ 79 中第 6.3.14 条的规定，强夯后的地基承载力检验，应在施工结束后间隔一定时间进行，尚不应少于表 9.6-1 规定的时间。

强夯后地基承载力检验时间间隔　　表 9.6-1

地基的类别	间隔时间（d）
碎石土和砂土	7 ~ 14
粉土和黏性土	14 ~ 28
置换地基	28

6）强夯地基均匀性检验，可采用动力触探试验或标准贯入试验、静力触探试验等原位测试，以及室内土工试验，应符合下列规定：

①简单场地上的一般建筑物，按每 $400m^2$ ≥ 1 个检测点，且不少于 3 点。

②复杂场地或重要建筑地基，每 $300m^2$ 不少于 1 个检验点，且不少于 3 点。

7）强夯置换地基均匀性检验，采用超重型或重型动力触探试验等方法，应符合下列规定：

检查置换墩着底情况及承载力与密度随深度的变化，检验数量不应少于墩点数的 3%，且不少于 3 点。

8）强夯地基承载力的检测应采用静载试验法，并应符合下列规定：

①简单场地上的一般建筑，每个建筑地基载荷试验检验点不应少于 3 点。

②复杂场地或重要建筑地基应增加检验点数。

③检测结果的评价，应考虑夯点和夯间位置的差异。

9）强夯置换地基承载力的检测应采用静载试验法，并应符合下列规定：

①单墩载荷试验数量不应少于墩点数的 1%，且不少于 3 点。

②对饱和粉土地基，当处理后墩间土能形成 2.0m 以上厚度的硬层时，其地基承载力可通过现场单墩复合地基静载荷试验确定，检验数量不应少于墩点数的 1%，且每个建筑载荷试验检验点不应少于 3 点。

10）检测报告应结论明确、用词规范。检测报告应包含以下内容：

①委托方名称，工程名称、地点，建设、设计、勘察、施工和监理单位名称，以及基础与结构型式；

②建筑层数、设计要求、检测目的和依据、检测日期和检测数量；

③地质条件描述；

④受检地基的类型和相关施工记录，检测方法、检测仪器设备和检测过程叙述，受检地基的检测数据、实测与计算分析曲线、表格和汇总结果；

⑤与检测内容相应的检测结论。

（4）强夯地基质量检验标准应符合现行国家标准《建筑地基基础工程施工质量验收标准》GB 50202 表 4.6.4 的规定（表 9.6-2）。

强夯地基质量检验标准　　表 9.6-2

项目	序号	检查项目	允许值或允许偏差		检查方法
			单位	数值	
主控项目	1	地基承载力	不小于设计值		静载试验
	2	处理后地基土的强度	不小于设计值		原位测试
	3	变形指标	设计值		原位测试
一般项目	1	夯锤落距	mm	±300	钢索设标志
	2	夯锤重量	kg	±100	称重
	3	夯击遍数	不小于设计值		计数法
	4	夯击顺序	设计要求		检查施工记录
	5	夯击击数	不小于设计值		计数法
	6	夯点位置	mm	±500	用钢尺量
	7	夯击范围（超出基础范围距离）	设计要求		用钢尺量
	8	前后两遍间歇时间	设计值		检查施工记录
	9	最后两击平均夯沉量	设计值		水准测量
	10	场地平整度	mm	±100	水准测量

9.7 质量通病防治

质量通病防治见表 9.7-1。

质量通病防治 表 9.7-1

质量通病	强夯后地基产生“橡皮土”
形成原因	（1）天然地基土含水量偏高，夯击过程中孔隙水压力得不到充分的消散； （2）在强夯施工过程中遇到强降雨，增加了地基土的含水量； （3）满夯并平整场地后，由于轮式车辆反复碾压
防治方法	（1）对含水量较高的地基，应保证有足够的间歇时间，待基土中孔隙水压力充分消散后再满夯，或采取强夯置换施工工艺，在地基土中打设竖向排水体，也可先在场地上铺设一层厚约 0.5m 的砂石垫层后再满夯； （2）满夯前有可能下雨时，应该采取覆盖防水措施，以防推入夯坑内的虚土大量吸水，增加地基土的含水量。如果情况允许，可在下雨之前对夯坑内的虚土夯 1 ~ 2 击； （3）满夯后场地严禁轮式车辆碾压； （4）当局部出现“橡皮土”时可将其挖除，换填干土或砂石填料补夯；当“橡皮土”较薄且面积较大时，可用推土机的松土器将地表层翻松、晾晒后补夯，也可采取其他有效措施处理
相关图片或示意图	 橡皮土
质量通病	加固深度达不到设计要求
形成原因	（1）单击夯击能量偏低，单点夯击数不够，单位面积夯击能量不足； （2）强夯区内土质不均匀，下部有砂卵石夹层或回填土中夹杂块石层，造成部分夯击能被吸收； （3）强夯区内遇地下障碍物、孤石等； （4）夯击点过密，在浅处叠加而形成硬层，减弱夯击能向深部传递； （5）选用锤重、落距或夯击遍数、击数不够，夯击能过小，或者选用的夯击能过大，地基土产生流动，隆起量增大，造成土体破坏，下部土体没有挤密； （6）两遍之间间歇时间不够，或没有间隔，土层内孔隙水压力没有消散，影响强夯强度的提高
防治方法	（1）强夯前，应当探明地质情况。对存在砂卵石夹层，应当适当提高夯击能量，遇地下障碍物，应当及时清除； （2）锤重、落距、夯击遍数、击数、夯点间距等强夯参数的选择，应当根据工程实际情况，在强夯施工前通过试夯、测试后确定，并应当根据强夯施工实际情况进行调整； （3）发现强夯影响深度不够时，应当适当增加夯击遍数； （4）两遍强夯之间应当间隔一定时间，方能进行连续夯击。对于地下水或地下水位在 5m 以下，含水量较少的碎石土或透水性强的砂性土，可间隔 1 ~ 2d，而对于黏性土或冲积土，因其孔隙水压力消散较慢，需要间隔 21 ~ 28d
质量通病	地基密实度达不到要求
形成原因	（1）换土用的土料不纯； （2）摊铺厚度过大，强夯施工机具使用不当，夯击能量不能达到有效影响深度
防治方法	（1）填土材料一般以黏土为宜，不应采用地基耕植土、杂填土等； （2）素土地基必须采用最佳含水量，铺设厚度必须按照所使用机具来确定
质量通病	强夯参数不满足强夯质量
形成原因	强夯参数一般包括夯点的布置、夯击遍数、夯击深度等，强夯地基的承载力不强，没有达到质量要求
防治方法	加强强夯次数，调整间隔时间，根据地基土质的含水量等有关情况，确定强夯间隔时间，一般是一个月左右，强夯夯击次数需要通过现场试夯确定，由于季节问题，试夯参数会不同，采取的措施就是将强夯夯击次数增大，采取人工排水法，再进行施工

续表

质量通病	强夯参数不满足强夯质量
相关图片或示意图	 夯点的布置不对

质量通病	地面翻浆
形成原因	（1）夯点选择不合适，使夯击压缩变形的扩散角重叠； （2）夯击有侧向挤出现象； （3）夯击后间歇时间短，孔隙水压力未完全消散； （4）有的土质夯击数过多易出现翻浆； （5）雨期施工或土质含水量超过一定量时（一般为 20% 内），夯坑周围出现隆起及夯点
防治方法	（1）调整夯点间距、落距、夯击数，使之不出现地面翻浆为准； （2）根据不同土层不同设计要求，选择合理的操作方法； （3）在易翻浆的饱和黏性土上，可在夯点下铺填砂石垫层，以利孔隙水压的消散； （4）尽量避免雨期施工，必须在雨期施工时，要挖排水沟，设集水井，地面不得有积水，减少夯击数，增加孔隙水的消散时间
相关图片或示意图	 场地积水 　现场排水

第10章　水泥粉煤灰碎石桩

10.1　基本介绍及适用范围

（1）水泥粉煤灰碎石桩（CFG桩是英文 Cement Fly-ash Gravel 的缩写），由碎石、石屑、砂、粉煤灰掺水泥加水拌合，用各种成桩机械制成的具有一定强度的可变强度桩。

（2）水泥粉煤灰碎石桩是一种低强度混凝土桩，可充分利用桩间土的承载力共同作用，并可传递荷载到深层地基中去，具有较好的技术性能和经济效果。

（3）水泥粉煤灰碎石桩复合地基适用于处理黏性土、粉土、砂土和自重固结已完成的素填土地基以及对噪声及泥浆污染要求严格的场地，穿越卵石夹层时应通过试验确定其适用性，对淤泥质土应按地区经验或通过现场试验确定其适用性。

10.2　主要规范标准文件

（1）《复合地基技术规范》GB/T 50783；

（2）《岩土工程勘察规范》GB 50021；

（3）《建筑地基处理技术规范》JGJ 79；

（4）《建筑桩基技术规范》JGJ 94；

（5）《混凝土质量控制标准》GB 50164；

（6）《混凝土强度检验评定标准》GB/T 50107；

（7）《混凝土结构工程施工质量验收规范》GB 50204；

（8）《建设工程质量管理条例》；

（9）《建设工程安全生产管理条例》；

（10）其他现行相关规范标准、文件等。

10.3　设备及参数

（1）水泥粉煤灰碎石桩用长螺旋钻机主要由顶部滑轮组、立柱、斜撑杆、底盘、行走机构、回转机构、卷扬机构、操纵室、液压系统及电气系统组成，如图 10.3-1 所示。

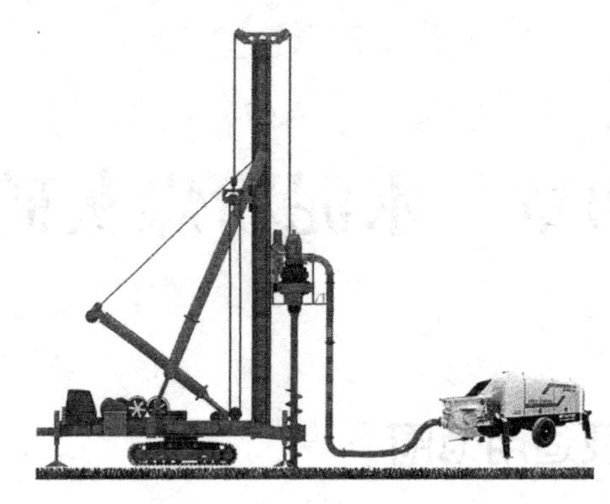

图 10.3-1　长螺旋钻机

（2）常见设备型号及主要技术参数

1）常见设备型号及主要技术参数见表 10.3-1。

常见设备型号及主要技术参数表　　表 10.3-1

型号	电机功率（kW）	钻孔直径（mm）	钻杆扭矩（kN·m）	钻孔深度（m）	钻进速度（m/min）	钻杆转速（r/min）	桩架形式
BQZ400	22	300～400	1.47	8～10.5	1.5～2	140	步履式
KLB600	40	300～600	3.30	12.0	1.0～1.5	88	步履式
ZKL400B	30	300～400	2.67	12.0		98	步履式
LZ600	30	300～600	3.60	13.0	1.0	70-110	履带吊 W1001
ZKL650Q	40	350～600	6.71	10.0		39、64、99	汽车式
ZKL400	30	400	3.7、4.85	12～18	1.0	63、81、116	履带吊 W1001

2）常用四类钻头适用地层见表 10.3-2。

常用四类钻头适用地层表　　表 10.3-2

钻头类型	适用地层
尖底钻头	黏性土层，在刃口上镶焊硬质合金刀头，可钻硬土
平底钻头	松散土层
耙式钻头	含有大量砖瓦块的杂填土层
筒式钻头	混凝土块、条石等障碍物

3）钻头直径与钻孔直径参考匹配见表 10.3-3。

钻头直径与钻孔直径参考匹配表　　表 10.3-3

成孔直径（mm）	300	400	500	600	700	800	1000
钻头直径（mm）	296	396	495	594	693	792	990

混凝土输送泵及输送管与长螺旋钻具中心管相匹配，现场采用混凝土输送泵和 ϕ125 输送管。目前较常用的为 30 泵，有方圆、中联和 SANY 等产品，工作泵压一般为 4 ~ 6MPa。ϕ125 输送软管与长螺旋钻具中心管相连，既可方便钻机移动，又可保持搅拌后台位置的相对稳定无需多次移位。

10.4 材料及参数

（1）宜采用和易性好、泌水性较小的预拌混凝土，强度等级符合设计要求，初凝时间不小于 6h。素混凝土压灌桩混凝土灌注前坍落度宜为 160 ~ 180mm，采用后插钢筋笼时灌注前的坍落度宜为 180 ~ 220mm，符合现行国家标准《混凝土质量控制标准》GB 50164 相关要求。

（2）水泥强度等级应不小于 32.5 级，并且具有出厂合格证明文件和检测报告，强度等级符合现行国家标准《通用硅酸盐水泥》GB 175 第 6 章的规定：

1）硅酸盐水泥的强度等级分为 42.5R、42.5、52.5R、52.5、62.5R、62.5 六个等级。

2）普通硅酸盐水泥的强度等级分为 42.5、42.5R、52.5、52.5R 四个等级。

（3）应选用洁净中砂，质量符合现行行业标准《普通混凝土用砂、石质量及检验方法标准》JGJ 52 第 3.1.3 条的规定，见表 10.4-1。

天然砂中含泥量表　　表 10.4-1

混凝土强度等级	≥ C60	C30 ~ C55	≤ C25
含泥量（按重量计 %）	≤ 2.0	≤ 3.0	≤ 5.0

（4）宜选用质地坚硬的粒径 10 ~ 20mm 的砾石或碎石，含泥量不应大于 2%，质量应符合现行行业标准《普通混凝土用砂、石质量及检验方法标准》JGJ 52 的规定。

（5）宜选用Ⅰ级或Ⅱ级粉煤灰，掺入量分别不大于 12% 和 20%，质量检验合格，掺量通过配合比试验确定。

（6）宜选用液体缓凝剂，质量符合相关标准要求，并应有性能检验报告，掺量和种类根据施工季节通过配合比试验确定。

（7）搅拌用水需要符合现行行业标准《混凝土用水标准》JGJ 63 第 3.1 条规定。

10.5 常规工艺流程及质量控制要点

10.5.1 常规工艺流程

常规工艺流程如图 10.5-1 所示。

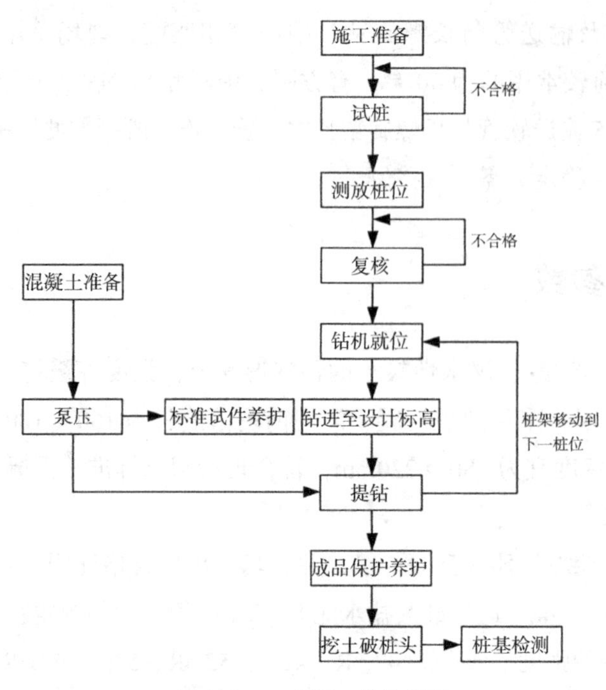

图 10.5-1 常规工艺流程图

10.5.2 施工准备

（1）岩土工程勘察报告、设计文件、图纸会审纪要、施工组织设计等已备齐。

（2）地下、地上障碍物处理完毕，应达到“三通一平”，施工设施准备就绪。现场已设置测量基准线、水准基点，并且加以保护，施工前已复核桩位。

（3）施工前要检查整套施工设备，保证设备状态良好，严禁携带故障的设备进场。

（4）做好施工相关的水、电管线布置工作，保证进场后可立即投入施工。施工现场内道路、基坑坡道应符合设备运输车辆和汽车吊的行驶要求，保证运输安全。

（5）组装设备时应设立隔离区，由专人指挥，非安装人员不得出现在组装区域内，严格按程序组装。

（6）安排材料进场，应按要求及时进行原材料检验和检测。

（7）开工前应对施工人员进行安全、质量技术教育，并且完成技术交底。

10.5.3 施工工序要点

（1）放线定位：按桩位设计图纸要求，测设桩位轴线、定桩位点，并做好标记。

（2）钻机就位：钻机就位后，保持钻机平稳、调整钻塔垂直，钻杆的连接应牢固。

（3）钻机定位后，进行预检，钻尖与桩位点对中，钻机启动前应将钻杆、钻尖内的土块、残留的混凝土等清理干净。

（4）钻机成孔：钻进速度根据地层情况按成桩工艺试验确定的参数进行控制。

（5）钻机钻进过程中，不宜反转或提升钻杆，如需提升钻杆或反转应将钻杆提至地面，对钻尖开启门须重新清洗、调试、封口。

（6）对于饱和粉细砂及软土层部位，宜采取跳打的方法，防止发生串孔。

（7）达到设计桩底标高终孔验收后，进行压灌混凝土作业，首次泵送前或停工时间过长时，应先开机润管。

（8）混凝土开始压灌时，宜先泵后提，保持压力3～4MPa，将混凝土通过管路、钻具压灌到孔内，边泵送边缓慢上提钻具，钻具提升速度要与泵送速度相适应，应始终保持钻头在混凝土面1m以下，以防止缩径、断桩。钻头提到孔口时，应适当埋入一定深度，确保桩头部位超灌高度和桩径达到设计要求，待混凝土溢出时方可提出钻具。

（9）冬期施工混凝土时，压灌混凝土的孔温度不应低于5℃，并采取有效的防冻施工方案。

（10）当气温高于30℃时，应在混凝土输送泵管上采取降温措施。

（11）混凝土试块留置应按现行国家标准《混凝土结构工程施工质量验收规范》GB 50204、《混凝土强度检验评定标准》GB/T 50107有关规定执行。

（12）桩体达到70%设计强度以后，方可进行开槽及桩间土挖除等土方清理工作，并宜用小型、轻型土方机械施工，清除桩间土如图10.5-2所示。

图10.5-2 清除桩间土

（13）压灌桩的充盈系数宜为1.0～1.2，实际浇筑混凝土量不应小于理论计算体积。

（14）桩顶混凝土超灌高度不宜小于500mm，软土区不宜小于800mm。

10.5.4 质量控制要点

1. 测放桩位

（1）根据建筑物定位轴线，由专职测量人员按桩位平面图准确无误地将桩位放样到现场。现场桩位放样采用插木制加白灰点作为桩位标识。

（2）桩位放样允许误差：20mm。

（3）桩位放样后经自检无误，填写楼层平面放线记录和施工测量放线报验表。

2. 成孔

（1）钻机就位后，进行预检，要求钻头中心与桩位偏差小于 20mm，然后调整钻机，用双垂球双向控制好钻杆垂直度，合格后方可平稳钻进。钻头刚接触地面时，先关闭钻头封口，下钻速度要慢，人工关闭钻头封口如图 10.5-3 所示。

图 10.5-3　人工关闭钻头封口

（2）正常钻进速度可控制在 1 ~ 1.50m/min，钻进过程中，如遇到卡钻、钻机摇晃、偏移，应停钻查明原因，采取纠正措施后方可继续钻进。不宜反转或提升钻杆，如需提升钻杆或反转应将钻杆提至地面，对钻尖开启门须重新清洗、调试、封口。

（3）钻出的土方及时清理，并统一转移到指定的地方堆放，机械清理桩芯土如图 10.5-4 所示。

图 10.5-4　机械清理桩芯土

（4）用钻杆上的孔深标志控制钻孔深度，如图10.5-5所示，钻进至设计要求的深度及土层，经现场监理员验收方可进行灌注混凝土施工。

图10.5-5 用标志控制钻孔深度

3. 泵送混凝土要求

（1）坍落度为18～20cm，混凝土到达施工现场后，应进行坍落度的检查，实测混凝土坍落度与要求混凝土坍落度之间的允许偏差为±20mm，现场实测坍落度如图10.5-6所示。

图10.5-6 现场实测坍落度

（2）碎石粒径小于2.0cm。

（3）施工期间，每台班制作混凝土试块一组，其规格为100mm×100mm×100mm，标准养护，并送检28d强度。

（4）泵送量达到钻杆芯管一定高度后，方可提钻，禁止先提钻再泵料。

（5）一边泵送混凝土一边提钻，提钻速率控制必须与泵送量相匹配，保证钻头始终埋在长螺旋压灌后插钢筋笼灌注桩混凝土液面以下，以避免进水、夹泥等质量缺陷的发生。

（6）成桩过程应连续进行，应避免后台上料慢造成的供料不足、停机待料现象，直至桩体混合料高出桩顶设计标高。

（7）若施工中因其他原因不能连续灌注混凝土，须根据勘察报告和施工已掌握的场地土质情况，避开饱和砂土、粉土层，不宜在这些土层内暂停泵送混凝土，避免地下水浸入桩体。

（8）成桩过程中必须保证排气阀正常工作，防止成桩过程中发生堵管。

（9）施工时应始终保持混凝土泵料斗内的混凝土液面在料斗底面以上一定高度，以免泵送时吸入空气，造成堵管。

（10）在混凝土浇筑过程中，应及时、准确地填写《长螺旋压灌后桩浇灌记录》。

10.5.5 标准试件制作及养护

（1）混凝土强度试件应在混凝土的浇筑地点随机抽取。试件留置与取样应符合现行国家标准《混凝土结构工程施工质量验收规范》GB 50204 第 7.4.1 条相关规定：

1）每拌制 100 盘且不超过 $100m^3$ 的同配合比的混凝土，取样不得少于 1 次。

2）每工作班拌制的同一配合比的混凝土不足 100 盘时，取样不得少于 1 次。

3）当一次连续浇筑超过 $1000m^3$ 时，同一配合比的混凝土每 $200m^3$ 取样不得少于 1 次。

4）每一楼层、同一配合比的混凝土，取样不得少于 1 次。

5）每次取样应至少留置一组标准养护试件，同条件养护试件的留置组数应根据实际需要确定。现场制作试块如图 10.5-7 所示。

图 10.5-7 现场制作试块

（2）标准试件养护

1）同条件养护试件拆模后，应放置在靠近相应结构部位或结构构件的适当位置，并且应采取相同的养护方法。

2）同条件自然养护试件的等效养护龄期及相应的试件强度代表值，宜根据当地的气温和养护条件，按下列规定确定：

①等效养护龄期可取按日平均温度逐日累计达到 600℃时所对应的龄期，0℃及以下的龄期不计入；等效养护龄期不应小于 14d，也不宜大于 60d。

②同条件养护试件的强度代表值应根据强度试验结果按照现行国家标准《混凝土强度检验评定标准》GB/T 50107 的规定确定后，乘折算系数取用；折算系数宜取 1.10，可根据当地试验统计结果作适当调整。

10.5.6 破桩头

（1）通过测量放线确定每根桩的桩顶设计标高，并在桩头用红油漆或墨线进行标识。

（2）桩头破除采用环切工艺以尽量减小对桩头的扰动形成浅层断桩的情况，每边切入深度不小于 15cm，切完后在桩头切缝处同一水平面按同一角度插入 3 根钢钎，用锤击打将桩头截断，再用钢钎铁锤将桩头从四周向中间修平，在环切过程中注意工人的防护工作，配备防护镜及手套，桩头环切如图 10.5-8 所示。

图 10.5-8 桩头环切

10.6 检验与验收

（1）一般规定

1）桩基工程应进行桩位、桩径、桩长、桩身质量、垂直度，以及承载力检验。

2）砂、石子、水泥、钢材等桩体原材料质量的检验项目和检验方法应符合现行有关标准。

（2）检验与检测

1）施工前应检验桩位，桩位偏差应符合现行国家标准《建筑地基基础工程施工质量验收标准》GB 50202 的规定。

2）施工前检验:使用预拌混凝土的,应有产品合格证和搅拌站提供的质量检测资料。

3）施工过程中检验：灌注混凝土前，对已成孔的中心位置、孔深、孔径及垂直度进行检验。

（3）长螺旋钻孔压灌桩质量检验宜符合表 10.6-1 的要求。

长螺旋钻孔压灌桩质量检验标准　　表 10.6-1

项目	序号	检查项目	允许偏差或允许值	检查方法
主控项目	1	桩位	1～3 根桩、条形桩基沿垂直轴线方向和群桩基础中的边桩：70mm； 条形桩基沿轴线方向和群桩基础的中间桩：150mm； 支护桩桩位允许偏差，不宜大于 50mm	用钢尺和全站仪量测
	2	孔深	+300mm	测钻杆长度，应确保进入设计要求的持力层深度
	3	混凝土强度	设计要求	试件报告或钻芯取样送检
一般项目	1	垂直度	桩基：不大于 1% 支护桩：不大于 0.5%	用经纬仪 / 钻机水平尺
	2	桩径	–20mm	用钢尺量
	3	桩顶标高	+30mm，–50mm	用水准仪，须扣除桩顶浮浆层及劣质桩体
	4	保护层厚度	± 20mm	用钢尺量
	5	混凝土坍落度	180～220mm	用坍落度仪
	6	混凝土充盈系数	＞1	检查每根桩的实际灌注量

注：桩径允许偏差的负值是指个别断面。

（4）检测前准备

1）施工完成后应按桩基或复合地基的要求检查桩位偏差和桩顶标高。

2）长螺旋钻孔压灌混凝土后应进行桩身完整性和单桩承载力抽样检测；长螺旋钻孔压灌桩复合地基应进行桩身完整性、复合地基载荷试验和单桩承载力抽样检测。

3）现场检测前应调查、收集下列资料：

①收集被检测工程的岩土工程勘察资料、桩基或地基设计图纸、施工记录，了解施工工艺和施工中出现的异常情况。

②明确委托方的具体要求。

4）应根据调查结果和检测目的，选择检测方法并制定检测方案。检测方案宜包含以下的内容：工程及地质概况、检测方法及其依据标准、抽样方案，以及所需要的机械或人工配合，试验周期。

5）检测开始时间应符合下列规定：

①当采用低应变法检测时，受检桩混凝土强度至少达到设计强度的70%，且不小于15MPa。

②当采用钻芯法检测时，受检桩的混凝土龄期达到28d或同条件养护的预留试块强度达到设计强度。

③承载力检测前的休止时间除应达到本条第②款规定的桩身混凝土强度外，当无成熟的地区经验时，尚不应少于表10.6-2规定的时间。

承载力检测前的休止时间表 表10.6-2

<table>
<tr><th colspan="2">土的类别</th><th>休止时间（d）</th></tr>
<tr><td colspan="2">砂土</td><td>7</td></tr>
<tr><td colspan="2">粉土</td><td>10</td></tr>
<tr><td rowspan="2">黏性土</td><td>非饱和</td><td>15</td></tr>
<tr><td>饱和</td><td>25</td></tr>
</table>

6）受检桩应先进行桩身完整性检测，后进行承载力检测。当基础埋深较大时，桩身完整性检测和承载力检测应在基坑开挖至基底标高后进行。

7）采用低应变法检测基桩桩身完整性应符合下列规定：

①建筑桩基设计等级为甲级或地基条件复杂的工程，检测数量不少于总桩数的30%，且不少于20根；其他桩基工程，检测数量不少于总桩数的20%，且不少于10根。

②每个柱下承台检测桩数不少于1根。

③护坡桩工程，检测数量不少于总桩数的20%，且不少于5根。

④桩身完整性检测宜采用低应变法，当低应变法不能全面评价基桩完整性时，按不少于总桩数10%的比例采用钻芯法检测。

8）单桩承载力的检测应采用静载试验法，并应符合下列规定：

①单桩竖向抗压承载力检测时，检测数量不少于同一条件下桩基分项工程总桩数的1%，且不少于3根；当总桩数少于50根时，检测数量不少于2根。

②单桩竖向抗拔承载力和单桩水平承载力检测时，检测数量不应少于同一条件下桩基分项工程总桩数的1%，且不少于3根。

9）复合地基检测应符合下列规定：

①采用低应变法检测素混凝土灌注桩桩身完整性，检测数量不低于总桩数的10%，每个柱下承台检测桩数不少于1根。

②复合地基载荷试验和单桩静载荷试验的检测数量不少于总桩数的1%，且每个单体工程的复合地基静载荷试验的检测数量不少于3个点。

10）验收检测的受检桩选择宜符合下列规定：

①施工质量有疑问的桩；

②设计方认为重要的桩；

③局部地质条件出现异常的桩；

④施工工艺不同的桩；

⑤承载力验收检测时适量选择完整性检测中判定为Ⅲ、Ⅳ类的桩；

⑥除上述规定外，同类型桩宜均匀随机分布。

11）检测报告应结论明确、用词规范。检测报告应包含以下内容：

①委托方名称，工程名称、地点，建设、勘察、设计、监理和施工单位名称，基础与结构型式；

②建筑层数、设计要求、检测目的、依据、检测数量和检测日期；

③地质条件描述；

④受检桩的桩型、尺寸、桩号、桩位、桩顶标高和相关施工记录，检测方法、检测仪器设备和检测过程叙述，受检桩的检测数据、实测与计算分析曲线、表格和汇总结果；

⑤与检测内容相应的检测结论。

10.7 质量通病防治

质量通病防治见表 10.7-1。

质量通病防治 表 10.7-1

质量通病	桩身垂直度及桩位偏差
形成原因	（1）操作手未按技术交底进行作业； （2）旁站人员未对桩机进行有效监控； （3）技术交底未明确具体作业
防治方法	（1）垂直度：在桩机悬挂双向垂球，旁站人员在桩机就位后进行实测，判定桩身的垂直度偏差是否满足规范或设计要求； （2）桩位偏差：在上一根桩施工过程中，通过已经标明相近的横向、纵向桩位用尺量
相关图片或示意图	设计桩顶标高 阴影部分是桩身实际垂直度 虚线部分是桩身设计垂直度 设计桩底标高

续表

质量通病	短桩
形成原因	（1）标识不清； （2）施工队伍偷工； （3）旁站人员不足、控制不严，管理人员巡查不够
防治方法	（1）在桩机机身上做明确的长度标识，为方便夜间施工控制，用反光材料进行标识； （2）标识的最小刻度一般为 50cm 或 25cm； （3）增加必要的旁站人员，进行现场培训； （4）分部和经理部管理人员加强巡视，特别是夜间施工的巡视
相关图片或示意图	
质量通病	浅层桩头疏松
形成原因	（1）提管速度过快； （2）混合料离析等； （3）停灰面过低，未留相应的超灌长度
防治方法	（1）按作业指导书规定的提管速度严格控制； （2）预留适当的超灌长度； （3）加强对混合料搅拌、运输、浇筑过程的监控
相关图片或示意图	
质量通病	桩身离析
形成原因	（1）混合料工作性能不佳； （2）提管速度过快； （3）提管过程中，停止供混合料
防治方法	（1）使用符合规范的混合料； （2）提管速度不宜过快； （3）提管过程中，不能停止供混合料

续表

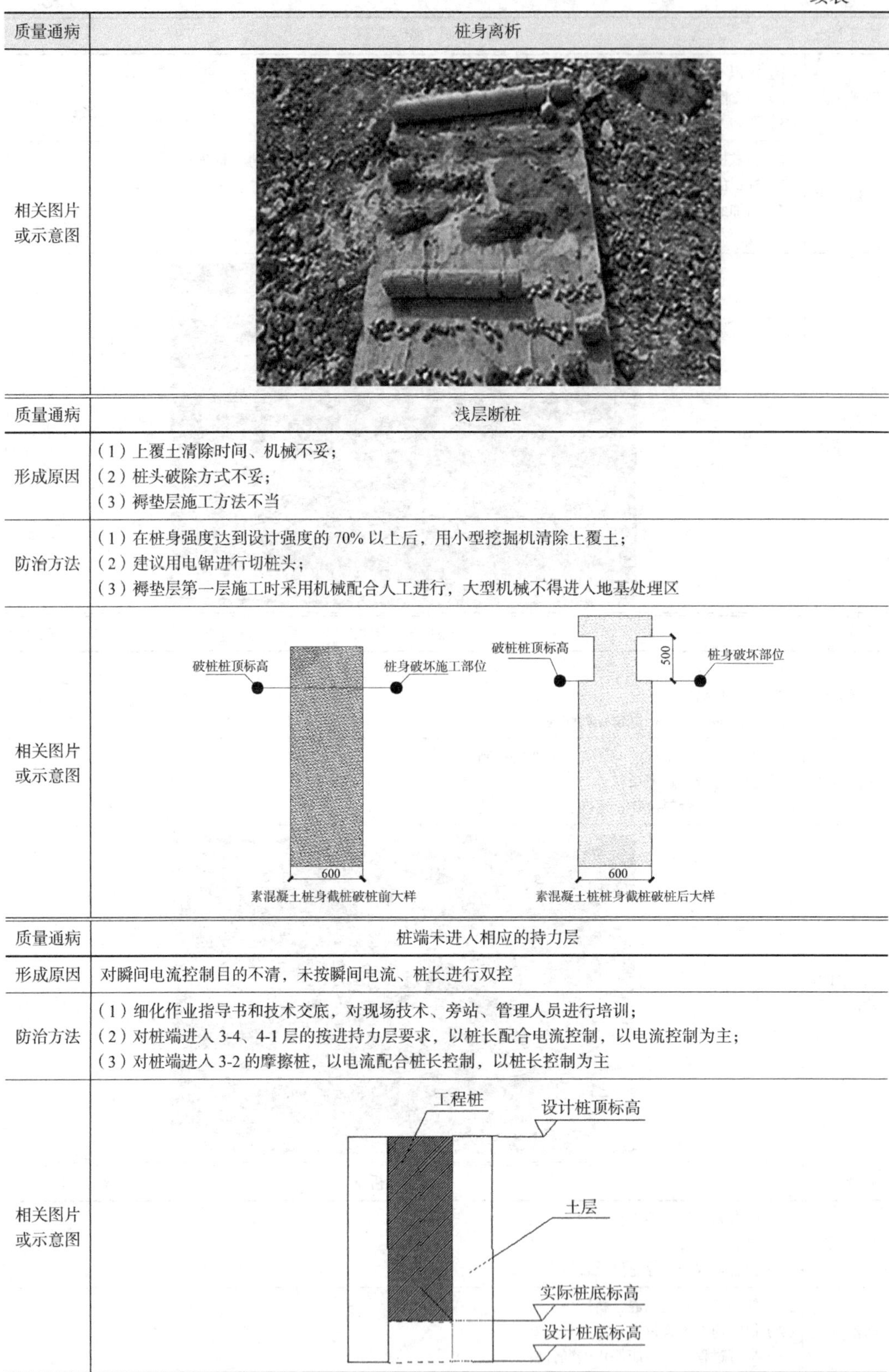

质量通病	桩身离析
相关图片或示意图	
质量通病	**浅层断桩**
形成原因	（1）上覆土清除时间、机械不妥； （2）桩头破除方式不妥； （3）褥垫层施工方法不当
防治方法	（1）在桩身强度达到设计强度的 70% 以上后，用小型挖掘机清除上覆土； （2）建议用电锯进行切桩头； （3）褥垫层第一层施工时采用机械配合人工进行，大型机械不得进入地基处理区
相关图片或示意图	破桩桩顶标高　桩身破坏施工部位　600　素混凝土桩身截桩破桩前大样 破桩桩顶标高　500　桩身破坏部位　600　素混凝土桩桩身截桩破桩后大样
质量通病	**桩端未进入相应的持力层**
形成原因	对瞬间电流控制目的不清，未按瞬间电流、桩长进行双控
防治方法	（1）细化作业指导书和技术交底，对现场技术、旁站、管理人员进行培训； （2）对桩端进入 3-4、4-1 层的按进持力层要求，以桩长配合电流控制，以电流控制为主； （3）对桩端进入 3-2 的摩擦桩，以电流配合桩长控制，以桩长控制为主
相关图片或示意图	工程桩　设计桩顶标高　土层　实际桩底标高　设计桩底标高

第11章　水泥土搅拌桩

11.1　基本介绍及适用范围

（1）水泥土搅拌桩（英文 Cement-soil Mixing Pile），是利用水泥作为固化剂的主剂，是软基处理的一种有效形式，利用搅拌桩机将水泥喷入土体并充分搅拌，使水泥与土发生一系列物理化学反应，使软土硬结而提高基础强度。软土基础经处理后，加固效果显著，可很快投入使用。适用于处理淤泥、淤泥质土、泥炭土和粉土土质。

（2）水泥土搅拌法可分为深层搅拌法（简称湿法）和粉体搅拌法（简称干法）。湿法以水泥浆为主，搅拌均匀，易于复搅，水泥土硬化时间较长；干法以水泥干粉为主，水泥土硬化时间较短，能提高桩间的强度。但搅拌均匀性欠佳，很难全程复搅。

（3）适用条件

1）水泥土搅拌桩复合地基适用于处理正常固结的淤泥与淤泥质土、粉土、饱和黄土、素填土、黏性土以及无流动地下水的饱和松散砂土等地基。

2）当地基土的天然含水量小于 30%（黄土含水量小于 25%）、大于 70% 或地下水的 pH 值小于 4 时不宜采用干法。

3）冬期施工时应注意负温对处理效果的影响。

4）湿法的加固深度不宜大于 20m，干法不宜大于 15m。

5）水泥土搅拌桩的桩径不应小于 500mm。

6）一般认为用水泥作加固料，对含有高岭石、蒙脱石等黏土矿物的软土加固效果好；而对含有伊利石、氯化物和水铝石英等矿物的黏性土以及有机质含量高、pH 值较低的黏性土加固效果较差。

（4）主要使用的施工方法有：单轴、双轴、三轴搅拌桩。

11.2　主要规范标准文件

（1）《复合地基技术规范》GB/T 50783；

（2）《岩土工程勘察规范》GB 50021；

（3）《建筑地基处理技术规范》JGJ 79；

（4）《建筑桩基技术规范》JGJ 94；

（5）《建筑地基基础设计规范》GB 50007；

（6）《建筑工程施工质量验收统一标准》GB 50300；

（7）《建筑地基基础工程施工质量验收标准》GB 50202；

（8）《水泥土配合比设计规程》JGJ/T 233；

（9）《建设工程质量管理条例》；

（10）《建设工程安全生产管理条例》；

（11）其他现行相关规范标准、文件等。

11.3 设备及参数

（1）水泥土搅拌桩机主要由液压步履式（履带式）底架、井架和导向加压机构、钻机传动系统、钻具、压桩系统、卷扬系统、液压系统、粉喷系统、电气系统等部分组成。

（2）常见设备型号及主要技术参数见表 11.3-1，浆体搅拌桩技术参数对比见表 11.3-2。

常见设备型号及主要技术参数表　　表 11.3-1

型号	电机功率（kW）	搅拌叶外径（mm）	搅拌轴转速（正反）（r/min）	给进、提升能力（kN）	速度（下沉正）（提升反）（m/min）	提升高度（m）	最大送粉量（kg/m）	桩架形式
GPP-5B	37	500	28、50、92；28、50、92	30	0.48、0.8、1.47；0.48、0.8、1.47	14	100	步履式
PH-5A	37	500	7、12、21、35、40；8.5、14、25、40、60	78.4	0.2、0.4、0.6、1、1.5；0.2、0.4、0.6、1、1.2	14	100	步履式
PH-5B	37	500	7、12、21、35、40；8.5、14、25、40、60	78.4	0.2、0.4、0.6、1、1.5；0.2、0.4、0.6、1、1.2	18	100	步履式

浆体搅拌桩技术参数对比表　　表 11.3-2

序号	项目		水泥浆喷射搅拌柱	水泥砂浆喷射多向搅拌桩
1	机械	钻杆轴数	单轴	内外同心双轴
		钻头叶片数	4 片	8 片
		喷嘴位置	底部第一层叶片	底部第二层叶片中间
		搅拌方向	单向搅拌	正反双向搅掉
		搅拌提升装置	旋转与下钻提升速度联动，旋转速度和下钻提升速度成正比，地质土层多变需及时换挡否则容易憋钻，对桩机损害较大	采用无级调速电机，旋转与下钻提升速度分离，可以根据地质土层软硬及时调节，减少换挡次数，保护桩机设备
		浆液输送设备	单缸柱塞泵喷浆压力小于 1MPa，输送距离小于 100m	柱塞式双缸砂浆泵，工作压力 1～4MPa，输送距离 400m
2	材料	使用材料、栏体强度	水泥、水，柱身强度低	水泥、水、砂，掺砂后桩身强度大幅度提高，并可节约一部分水泥

续表

序号	项目		水泥浆喷射搅拌柱	水泥砂浆喷射多向搅拌桩
3	工艺	喷浆搅拌	二喷四搅，须复搅，人为干扰多	仅二喷二搅不需复搅，人为干扰降低
		搅拌均匀性	单向切土搅拌土体与水泥浆不能充分搅拌均匀	正反双向切土搅拌反复揉搅，使得土体与水泥砂浆充分搅拌，均匀性较高
4	加固效果	强度、桩身连续性	桩身强度低，软硬不均，有效加固深度一般不超过12m	桩身强度较高，桩体连续性好，加固深度可达20m

1）水泥砂浆喷射搅拌桩是用水泥砂浆作为主固化剂，即在纯水泥浆中掺入一定比例粒径小于2mm的粉细砂、中砂，由水泥砂浆浆液和地基土充分搅拌后，增加地基土中的粗颗粒含量，降低地基土的塑性指数，经水化和化学反应后形成的增强体。水泥加固土的强度与土的含砂量有关，含砂量越高，水泥土桩体强度越高，当含砂量在40%～60%时施工效果达到最佳。

2）水泥砂浆喷射多向搅拌桩适用于处理正常固结的淤泥、淤泥质土、粉土、饱和黄土、素填土、软塑黏性土以及无流动地下水的饱和松散砂土等加固深度小于15m的软弱地基。

3）水泥浆（粉）输送泵及输送管与深层搅拌机钻具中心管相匹配，搅拌桩施工时水泥浆泵产生的喷浆压力一般主要控制在1～4MPa，送气（粉）管路的长度不宜大于60m。

11.4 材料及参数

（1）土样应根据工程实际情况从工地现场取具有代表性的土层，分别取样，以确保配合比的适用性。目前水泥土的应用主要在软基处理上，加固时，水泥浆或水泥干粉直接加入土层中，土层中的软土均未经过扰动，其天然含水率不会变化。因此所采集的土样，应采用密封包装，以保持土的天然含水率。

（2）土样应进行颗粒级配、天然含水率、液限、塑限等性能的试验，以了解土质的基本情况，并对土样进行工程分类。有特殊要求时，可增加土样其他相关性能的试验。

（3）水泥土拌制宜采用普通硅酸盐水泥，有抗侵蚀要求时，宜采用抗硫酸盐水泥。水泥进场时必须有质量合格证书、出厂试验报告；在使用前按规范要求取样，检测结果合格报监理签字认可后方可使用。水泥质量必须符合现行国家标准《通用硅酸盐水泥》GB 175的规定：

1）硅酸盐水泥的强度等级分为42.5、42.5R、52.5、52.5R、62.5、62.5R六个等级。

2）普通硅酸盐水泥的强度等级分为42.5、42.5R、52.5、52.5R四个等级。

（4）应选用洁净中砂，质量符合现行行业标准《普通混凝土用砂、石质量及检验方法标准》JGJ 52第3.1.3条的规定，见表11.4-1。

天然砂中含泥量　　表 11.4-1

混凝土强度等级	≥ C60	C30 ~ C55	≤ C25
含泥量（按重量计 %）	≤ 2.0	≤ 3.0	≤ 5.0

（5）当水泥土需要掺入石灰时，宜选氧化钙和氧化镁含水量总和大于 85%，其中氧化钙含量不低于 80% 的生石灰。

（6）拌合用水应符合现行行业标准《混凝土用水标准》（JGJ 63—2006）第 3.1 节的规定，见表 11.4-2。

混凝土拌合用水水质要求　　表 11.4-2

项目	预应力混凝土	钢筋混凝土	素混凝土
pH 值	≥ 5.0	≥ 4.5	≥ 4.5
不溶物（mg/L）	≤ 2000	≤ 2000	≤ 5000
可溶物（mg/L）	≤ 2000	≤ 5000	≤ 10000
Cl^-（mg/L）	≤ 500	≤ 1000	≤ 3500
SO_4^{2-}（mg/L）	≤ 600	≤ 2000	≤ 2700
碱含量（rag/L）	≤ 1500	≤ 1500	≤ 1500

（7）所采用外加剂须具备合格证和质保书，满足设计各项参数要求。塑化剂采用木质素磺酸钙，促凝剂采用硫酸钠、石膏、氯化钙、三乙醇胺等，应有产品出厂合格证，掺量通过试验确定。

（8）水泥土工程施工方法分为湿法和干法。当采用湿法时，所配制水泥浆的水灰比宜取 0.4 ~ 1.3，根据现行行业标准《水泥土配合比设计规程》JGJ/T 233 第 5 章“配合比设计”相关规定。

（9）依据工程地质勘查资料和室内配合比试验，结合设计要求，选择最佳水泥掺入比、水灰比，确定搅拌工艺参数。

（10）水泥土的标准强度评定以 90d 的无侧限抗压强度为准，根据现行行业标准《水泥土配合比设计规程》JGJ/T 233 第 3.0.4 条相关规定。

（11）具有抗冻或抗侵要求的水泥土，应该进行冻融或抗侵试验，且试验后其无侧限抗压强度损失率不大于 25%。

11.5 常规工艺流程及质量控制要点

11.5.1 施工工艺流程图

常规湿法工艺流程如图 11.5-1 所示。

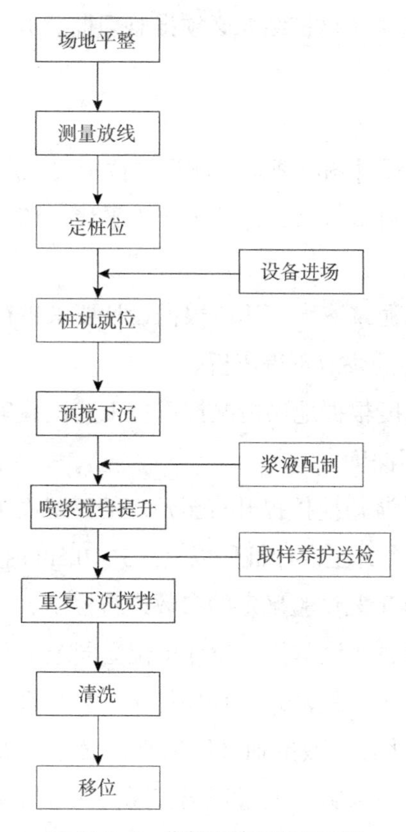

图 11.5-1　常规湿法工艺流程图

11.5.2　施工准备

（1）岩土工程勘察报告、设计文件、图纸会审纪要、施工组织设计等已备齐。

（2）地下、地上障碍物处理完毕，需要达到“三通一平”，施工设施准备就绪。现场已设置测量基准线、水准基点，并对其加以保护，施工前已复核桩位。

（3）施工前应标定搅拌机械的灰浆输送量、灰浆输送管到达搅拌机喷浆（粉）口的时间和起吊设置提升速度等施工工艺参数，并根据设计通过试验确定搅拌桩材料的配合比。

（4）做好施工相关的水、电管线布置工作，确保进场后可以立即投入施工。施工现场内道路、基坑坡道应满足设备运输车辆和汽车吊的行驶要求，保证运输的安全。

（5）组装设备时需要设立隔离区，由专人指挥，非安装人员不得在组装区域内，严格按照程序组装。

（6）安排材料进场，应按要求及时进行原材料检验和检测。

（7）开工前需要对施工人员进行质量、安全技术教育，并且完成技术交底。

（8）施工前首先做不少于 5 根水泥土搅拌桩试桩，主要是收集水泥浆配合比、钻进速度、提升速度、泵浆压力、单位时间喷入量等施工技术参数。必须待试桩成功后方可进行水泥土搅拌桩的正式施工（试桩结果必须报监理批准）。

11.5.3 湿法施工工艺

（1）放线定位：按桩位设计图纸要求，测设桩位轴线、定桩位点，并做好标记。

（2）搅拌机就位：搅拌机就位后，保持搅拌机平稳、调整搅拌塔垂直，搅拌杆的连接应牢固。

（3）水泥浆液配制：水泥浆液水灰比应根据设计要求进行的工艺性试桩确定，所使用的水泥都应过筛，制备好的浆液不得离析。

（4）预搅下沉：下沉速度根据地层情况按成桩工艺试验确定的参数进行控制，并根据刻度标识下沉至设计加固深度。

（5）喷浆搅拌提升边喷浆边搅拌提升直至预定的停浆面（第一次提钻喷浆时在桩底部停留 30s，磨桩端，搅拌头提升至设计桩顶以上 0.3 ~ 0.5m 时停止喷浆，保证桩头质量），提升速度及喷浆量，按成桩工艺试验确定的参数进行控制。

（6）重复下沉搅拌：可由建设单位、设计单位会同施工单位和监理重新选择具有代表性的场地作为搅拌桩施工的试验场地，检验施工工艺是否合理，进行工艺试桩，超过 10 根桩时，选 5 根桩进行抽芯和做单轴挤压试验，确定水灰浆泵输浆量、钻头沉降及提升速度、复搅次数及时间等参数，通过现场实际情况进行搅喷。

（7）根据设计要求及成桩工艺试验，喷浆或仅搅拌至预定的停浆面，关闭搅拌机械，即完成一个桩基的施工。

（8）每次停工前，须对浆池、输浆管、搅拌机进行清洗。

11.5.4 干法施工工艺

干法施工工艺与湿法施工工艺基本相同，因施工设备不同略有差异，其施工工艺如下：

（1）放线定位：按桩位设计图纸要求，测设桩位轴线、定桩位点，并做好标记。

（2）搅拌机就位：搅拌机就位后，保持搅拌机平稳、调整搅拌塔垂直，搅拌杆的连接应牢固。

（3）预搅下沉：下沉速度根据地层情况按成桩工艺试验确定的参数进行控制，并根据刻度标识下沉至设计加固深度。

（4）喷粉搅拌提升：边喷粉、边搅拌提升直至预定的停灰面（当搅拌头到达设计桩底以上 1.5m 时，应立即开启喷粉机提前进行喷粉作业，当搅拌头提升至地面下 500mm 时，喷粉机应停止喷粉）。

（5）重复上下搅拌：可由建设单位、设计单位会同施工单位和监理重新选择具有代表性的场地作为搅拌桩施工的试验场地，检验施工工艺是否合理，进行工艺试桩，超过

10根桩时，选5根桩进行抽芯和做单轴挤压试验，确定水灰浆泵输浆量、钻头沉降及提升速度、复搅次数及时间等参数，通过现场实际情况来进行搅喷。

（6）根据设计要求及成桩工艺试验，喷粉或仅搅拌至预定的停浆面，关闭搅拌机械，即完成一个桩基的施工。

11.5.5 质量控制要点

（1）测放桩位

1）根据建筑物定位轴线，由专职测量人员按桩位平面图准确无误地将桩位放样到现场。现场桩位放样采用插木制短棍加白灰点作为桩位标识。

2）桩位放样允许误差：20mm。

3）桩位放样后经自检无误，填写楼层平面放线记录和《施工测量放线报验表》。

（2）干、湿施工方法选择：湿法的加固深度不宜大于20m，干法不宜大于15m，同时水泥土搅拌直径不应小于500mm。

（3）竖向承载搅拌桩复合地基应在基础和桩之间设置褥垫层，褥垫层厚度宜取200～300mm，其材料可选用中砂、粗砂、级配矿石等，最大粒径不宜大于20mm。

（4）水泥土搅拌法施工现场事先应予平整，必须清除地上和地下的障碍物，如有明浜、池塘及洼地时应抽水和清淤，回填黏土料并予以压实，不得回填杂填土或生活垃圾。

（5）水泥土搅拌桩施工前应该根据设计进行工艺性试桩，数量不得少于2根。

（6）搅拌头翼片的枚数、宽度：与搅拌轴的垂直夹角、搅拌头的回转数、提升速度应相互匹配，以确保加固深度范围内土体的任何一点均能经过20次以上的搅拌。

（7）湿法施工质量控制

1）施工前确定灰浆输浆量、灰浆经输浆管到达搅拌机喷浆口的时间和起吊设备提升速度等施工参数。

2）所使用的水泥都进行过筛，制备好的浆液不得离析，连续泵送，拌制水泥浆液的罐数、水泥和外掺剂用量以及泵送浆液的时间由专人记录。

3）喷浆量及搅拌深度采用经国家计量部门认证的监测仪器进行自动记录。

4）搅拌机喷浆提升的速度和次数按设计要求及工艺性试桩参数确定，并进行专人记录。

5）水泥浆液到达出泵口后，喷浆搅拌30s磨桩端，再开始提升搅拌头。

6）搅拌机预搅下沉时不宜冲水，当遇到硬土层下沉太慢时，方可适量冲水，但应考虑冲水对桩身强度的影响。

7）施工时如因故停浆，将搅拌头下沉至停浆点以下0.5m处，待恢复供浆时再喷浆搅拌提升，若停机超过3h，先拆卸输浆管路，并清洗。

（8）干法施工质量控制

1）喷粉施工前仔细检查机械、供粉泵、送气（粉）管路、接头和阀门的密实性、可靠性，送气（粉）管路的长度小于 60m。

2）喷粉施工机械采用经国家计量部门认证的具有瞬间检测并记录出粉量的计量装置及搅拌深度自动记录仪。

3）搅拌头每旋转一周，其提升不得超过 16mm。

4）搅拌头的直径定期复核检查，磨耗量不得大于 10mm。

5）成桩过程中因故停止喷粉时，将搅拌头下沉至停灰面以下 1m 处，待恢复喷粉时再喷粉搅拌提升。

（9）在搅拌施工过程中，应及时、准确地填写《水泥土搅拌施工记录表》。

11.5.6 标准试件制作及养护

（1）水泥土试件应在水泥土搅拌地点随机抽取。水泥土试件制作应符合如下规定：

1）成型前，应检查试模尺寸并符合要求，试模内表面涂一薄层矿物油或其他脱落剂。

2）拌制水泥土时，材料用量应以质量计，精度分别为：水泥、水、外加剂和掺合料 ±0.5%，土为 1.0%。

3）水泥土在拌制后尽快成型，一般不超过 30min。

（2）水泥土试件制作应按以下步骤进行：代表性取土约 8kg，放入砂浆搅拌机进行搅拌直至均匀。

1）根据水泥掺入比和水灰比称取相应的水泥和水，配制水泥浆。

2）将配制好的水泥浆（或水泥干粉）加入土样中，搅拌至均匀，搅拌时间不少于 5min。

3）将搅拌均匀的水泥土分两次装入试模中，每装完 1 次，在试模上表面覆盖塑料薄膜后在振动台振动至密实，振动时间不应该少于 60s。

4）振实后，水泥土上表面略高于试模上沿，把涂有一薄层隔离剂的平板玻璃均匀地压在试模顶部。

5）同一水泥掺入比、同一水灰比成型 5 组共 15 个试件。

（3）标准试件养护

1）试件成型后在 20±30℃的环境静置 2～3d，然后编号、拆模（拆模时要有一定的强度，否则推迟拆模日期或带模进行养护）。

2）拆模后立即放入温度 20±20℃、相对湿度 90% 以上的环境中养护。

3）养护时，试件彼此间隔 10～20mm，试件应避免直接被水冲淋。

4）标准养护龄期为 90d（从搅拌加水泥浆或水泥开始）。

5）应每天至少 1 次记录试件的养护条件。

11.6　检验与验收

（1）一般规定

1）桩基工程应进行桩长、桩径、桩位、桩身质量、承载力及垂直度检验。

2）土样、水泥等桩体原材料质量的检验项目和检验方法应符合现行有关标准。

（2）检验与检测

水泥土搅拌桩的质量控制贯穿施工的全过程，质量检查人员全程旁站。施工过程中随时检查施工记录和计量记录，并对照施工工艺对每根桩进行质量评定。检查重点是：水泥用量、桩长、搅拌头转数和提升速度、复搅次数和复搅深度、停浆处理方法等。

1）施工前应检验桩位，桩位偏差应符合现行国家标准《建筑地基基础工程施工质量验收标准》GB 50202 的规定，见表 11.6-1。

水泥土搅拌桩地基质量检验标准　　表 11.6-1

项目	序号	检查项目	允许偏差或允许值		检查方法
			单位	数值	
主控项目	1	水泥及外掺剂质量	设计要求		查产品合格证书或抽样送检
	2	水泥用量	参数指标		查看流量计
	3	桩体强度	设计要求		按规定办法
	4	地基承载力	设计要求		按规定办法
一般项目	1	机头提升速度	m/min	≤ 0.5	量机头上升距离及时间
	2	桩底标高	mm	± 200	测机头深度
	3	桩顶标高	mm	+100，−50	水准仪（最上部 500mm 不计入）
	4	桩位偏差	mm	< 50	用钢尺量
	5	桩径	mm	< 0.04D	用钢尺量，D 为桩径
	6	垂直度	%	≤ 1.5	经纬仪
	7	搭接	mm	> 200	用钢尺量

2）施工前应检查水泥及外掺剂的质量，桩位、搅拌机工作性能，各种计量设备（主要是水泥流量计及其他计量设备）完好程度。

3）施工过程中检验：搅拌桩施工前，对已成桩的中心位置、桩深、桩径及垂直度进行检验。

（3）水泥土搅拌桩基质量检验宜符合现行国家标准《建筑地基基础工程施工质量验收标准》GB 50202 中第 4.11.4 条的规定，见表 11.6-2。

水泥土搅拌桩基质量检验标准 表 11.6-2

项目	序号	检查项目	允许值或允许偏差		检查方法
			单位	数值	
主控项目	1	复合地基承载力	不小于设计值		静载试验
	2	单桩承载力	不小于设计值		静载试验
	3	水泥用量	不小于设计值		查看流量表
	4	搅拌叶回转直径	mm	±20	用钢尺量
	5	桩长	不小于设计值		测钻杆长度
	6	桩身强度	不小于设计值		28d 试块强度或钻芯法
一般项目	1	水胶比	设计值		实际用水量与水泥等胶凝材料的重量比
	2	提升速度	设计值		测机头上升距离及时间
	3	下沉速度	设计值		测机头上升距离及时间
	4	桩位	条基边桩沿轴线	≤ 1/4D	全站仪或用钢尺量
			垂直轴线	≤ 1/6D	
			其他情况	≤ 2/5D	
	5	桩顶标高	mm	±200	水准测量，最上部 500mm 浮浆层及恶劣桩体不计入
	6	导向架垂直度	≤ 1/150		经纬仪测量
	7	褥垫层夯填度	≤ 0.9		水准测量

（4）检测前准备

1）施工完成后应按桩基或复合地基的要求检查桩位偏差和桩顶标高。

2）检测时应符合下列规定：

①水泥土搅拌桩成桩 3d 内用轻型动力触探（N10）检查每米桩身的均匀性，检查数量为施工总桩数的 1%，且不少于 3 根。

②成桩 7d 后，采用浅部开挖桩头 [深度应超过停浆（灰）面以下 0.5m]，检测搅拌桩的均匀性及成桩直径，检查量为总桩数的 5%。

③对相邻桩搭接要求严格的工程，在成桩 15d 后，选取数根桩进行开挖，检查搭接情况。

④成桩 28d 后抽芯取样进行无侧限抗压强度试验，抽检数量为 2%，不小于 3 根，要求搅拌桩上、中、下部各取至少一处，取芯钻孔（图 11.6-1），在取芯后用水泥砂浆回填灌注。

⑤在成桩 28d 后进行承载力检验，每一水泥搅拌加固区单桩复合地基载荷试验及单桩荷载试验检验数量为桩总数的 0.5% ~ 1%，且每个工点不应少于 3 点。

图 11.6-1 现场钻芯标本

3）验收检测的受检桩选择宜符合下列规定：

①施工质量有疑问的桩；

②设计方认为重要的桩；

③局部地质条件出现异常的桩；

④施工工艺不同的桩；

⑤承载力验收检测时适量选择完整性检测中判定为Ⅰ、Ⅱ类的桩；

⑥除上述规定外，同类型桩宜均匀随机分布。

4）检测报告应结论明确、用词规范，检测报告应包含以下内容：

①委托方名称，工程名称、地点，建设、勘察、设计、监理和施工单位名称，基础与结构型式；

②建筑层数、设计要求、检测目的、依据、检测数量和检测日期；

③地质条件描述；

④受检桩的桩型、尺寸、桩号、桩位、桩顶标高和相关施工记录，检测方法、检测仪器设备和检测过程叙述，受检桩的检测数据、实测与计算分析曲线、表格和汇总结果；

⑤与检测内容相应的检测结论。

11.7 质量通病防治

质量通病防治见表 11.7-1。

质量通病防治 表 11.7-1

质量通病	桩身垂直度及桩位偏差
形成原因	（1）操作手未按技术交底进行作业； （2）旁站人员未对桩机进行有效监控； （3）技术交底未明确具体作业
防治方法	（1）垂直度：在桩机悬挂双向垂球，旁站人员在桩机就位后进行实测，判定桩身的垂直度偏差是否满足设计或规范要求； （2）桩位偏差：在上一根桩施工过程中，通过已经标明相近的横向、纵向桩位用尺量
相关图片或示意图	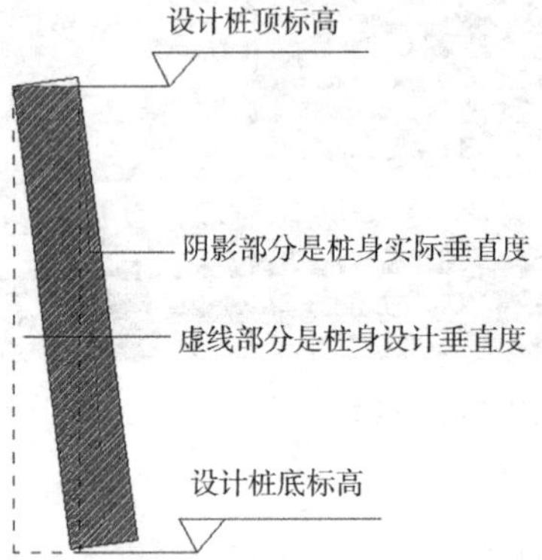  设计桩顶标高 阴影部分是桩身实际垂直度 虚线部分是桩身设计垂直度 设计桩底标高 桩位偏差
质量通病	短桩
形成原因	（1）搅拌机塔架的刻度标识不清； （2）桩顶喷浆不足； （3）现场操作人员、管理人员和监理人员对钻进深度控制管理不严
防治方法	（1）采用表盘读数和钻机塔架标线双重控制桩长； （2）搅拌头提升至桩顶以上 0.3 ~ 0.5m 时方停止喷浆，保证桩头质量； （3）指派责任心强，懂技术并经严格考核合格的管理人员，监理人员对现场施工的水泥土搅拌桩进行全程旁站监控和记录
相关图片或示意图	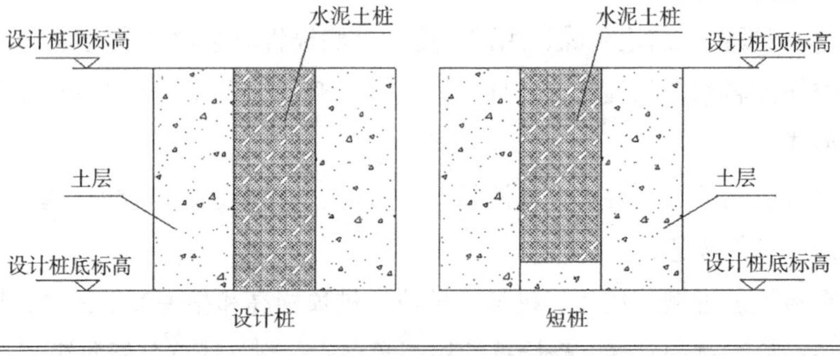 水泥土桩 设计桩顶标高 土层 设计桩底标高 设计桩 水泥土桩 设计桩顶标高 土层 设计桩底标高 短桩
质量通病	桩身不完整，强度不足
形成原因	（1）浆（粉）泵压力不足，喷浆（粉）不均匀，有断浆（粉）现象； （2）水泥掺入量不足； （3）浆液离析，不均； （4）发生冒浆或者同心转（钻头带动黏土柱一起转动）现象
防治方法	（1）控制好搅拌、喷浆（粉）时间和输浆（粉）泵，严格按照工艺试验确定的钻进速度、提升速度、搅拌速度、搅拌次数、输浆泵（喷粉泵）泵（喷）送压力等参数及施工工艺进行施工； （2）控制好水泥掺量及浆液质量； （3）第一次提钻喷浆时在桩底部停留 30s，磨桩端，余浆上提过程中全部喷入桩体； （4）采用“叶缘喷浆”的搅拌头

续表

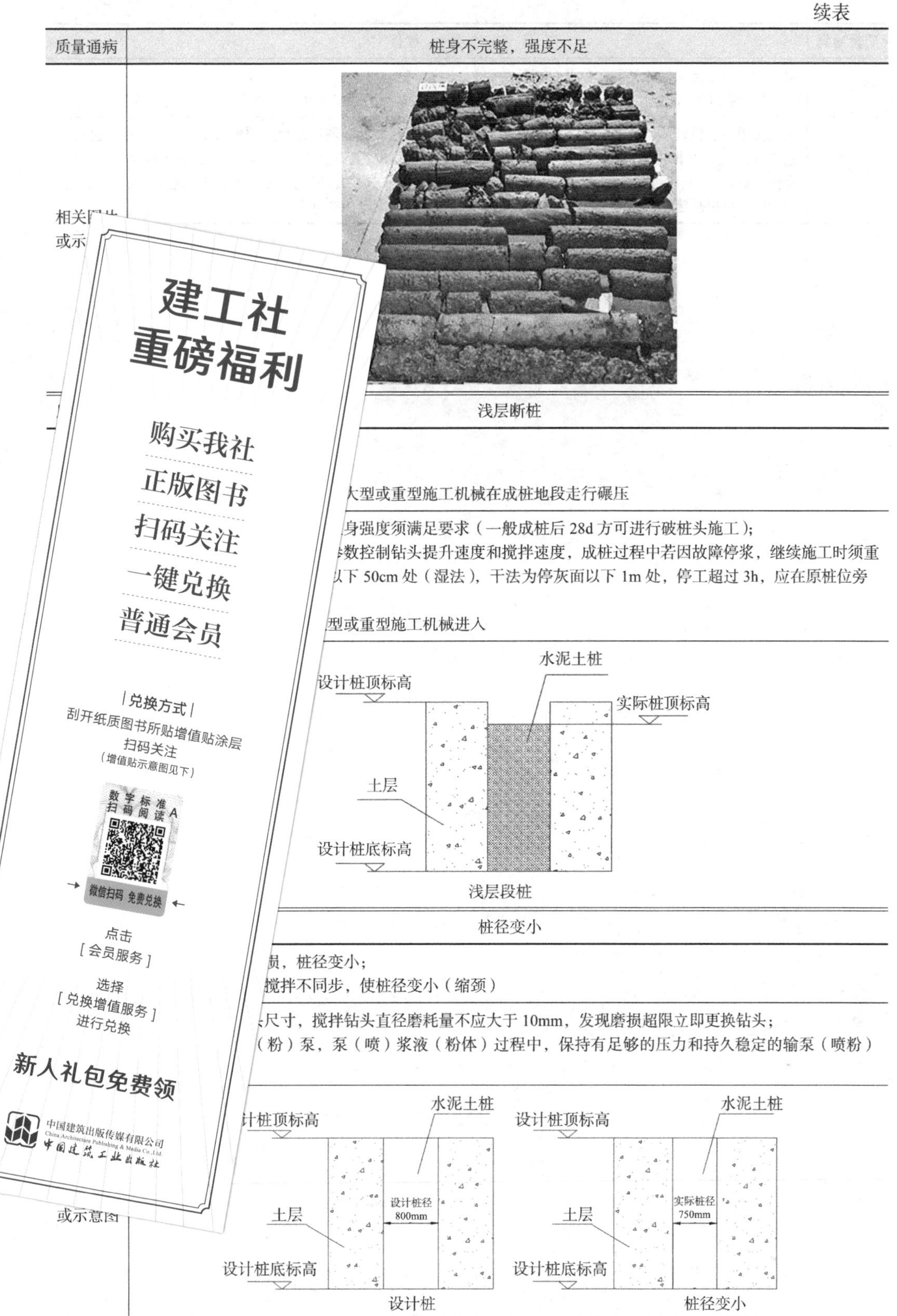

质量通病	桩身不完整，强度不足
相关图片或示意图	浅层断桩

……大型或重型施工机械在成桩地段走行碾压

……身强度须满足要求（一般成桩后28d方可进行破桩头施工）；

……参数控制钻头提升速度和搅拌速度，成桩过程中若因故障停浆，继续施工时须重……以下50cm处（湿法），干法为停灰面以下1m处，停工超过3h，应在原桩位旁……

……型或重型施工机械进入

浅层段桩

质量通病	桩径变小
	……损，桩径变小； ……搅拌不同步，使桩径变小（缩颈）
	……尺寸，搅拌钻头直径磨耗量不应大于10mm，发现磨损超限立即更换钻头； ……（粉）泵，泵（喷）浆液（粉体）过程中，保持有足够的压力和持久稳定的输泵（喷粉）……
……或示意图	设计桩　桩径变小

续表

质量通病	桩芯不连续、搅拌不均匀
形成原因	（1）搅拌机在淤泥层的复搅次数及时间较少； （2）“二搅二喷”的施工工艺仅仅适用于粉质黏土层的施工，不适用于摩擦力较小、土质构造松软的淤泥层
防治方法	由建设单位、设计单位会同施工单位和监理重新选择具有代表性的场地作为搅拌桩施工的试验场地，进行工艺试桩，超过10根桩时，选5根桩进行抽芯和做单轴挤压试验，确定水灰浆泵输浆量、钻头沉降及提升速度、复搅次数及时间等参数。可以根据现场实际情况进行“四搅二喷”，“四搅二喷”的施工工艺比较适合淤泥层的施工，可以从施工工艺解决搅拌机在淤泥层复搅次数及时间较少的问题

第12章　高压旋喷桩

12.1　基本介绍及适用范围

（1）高压旋喷桩，是以高压旋转的喷嘴将水泥浆喷入土层与土体混合，形成连续搭接的水泥加固体的一种桩。按喷射介质分为单管法、双重管法及三重管法。喷射方式一般分为旋转喷射（简称旋喷）、定向喷射（简称定喷）和摆动喷射（简称摆喷）。

（2）高压旋喷桩适用于处理淤泥、淤泥质土、流塑、软塑或可塑黏性土、粉土、砂土、黄土、素填土和碎石土等地基。

（3）高压旋喷桩，对基岩和碎石土中的卵石、块石、漂石呈骨架结构的地层，地下水流速过大和已涌水的地基工程，地下水具有侵蚀性，应慎重使用。前者一般需要引孔，后者需添加水玻璃、速凝剂等。

（4）高压旋喷桩可用于既有建筑和新建建筑的地基加固处理、深基坑止水帷幕、边坡挡土或挡水、基坑底部加固、防止管涌与隆起、地下大口径管道围封与加固、地铁工程的土层加固或防水、水库大坝、海堤、江河堤防、坝体坝基防渗加固、构筑地下水库截渗坝等工程。

（5）当土中含有较多的大粒径块石、坚硬黏性土、含大量植物根茎或有过多的有机质时，对淤泥和泥炭土以及已有建筑物的湿陷性黄土地基的加固，应根据现场试验结果确定其适用程度。应通过高压喷射注浆试验确定其适用性和技术参数。

12.2　主要规范标准文件

（1）《岩土工程勘察规范》GB 50021；

（2）《混凝土质量控制标准》GB 50164；

（3）《混凝土强度检验评定标准》GB/T 50107；

（4）《建筑工程施工质量验收统一标准》GB 50300；

（5）《工程测量标准》GB 50026；

（6）《建筑地基基础工程施工质量验收标准》GB 50202；

（7）《混凝土结构工程施工质量验收规范》GB 50204；

（8）《建筑桩基技术规范》JGJ 94；

（9）《建筑深基坑工程施工安全技术规范》JGJ 311；

（10）《建筑基坑工程监测技术标准》GB 50497；

（11）《建筑地基处理技术规范》JGJ 79；

（12）《建设工程质量管理条例》；

（13）《建设工程安全生产管理条例》；

（14）其他现行相关规范标准、文件等。

12.3 设备及参数

（1）高压旋喷桩施工机具主要由钻机和高压设备两大部分组成。由于喷射种类不同，所使用的机器设备和数量均不同，高压旋喷桩设备工作示意如图 12.3-1 所示。

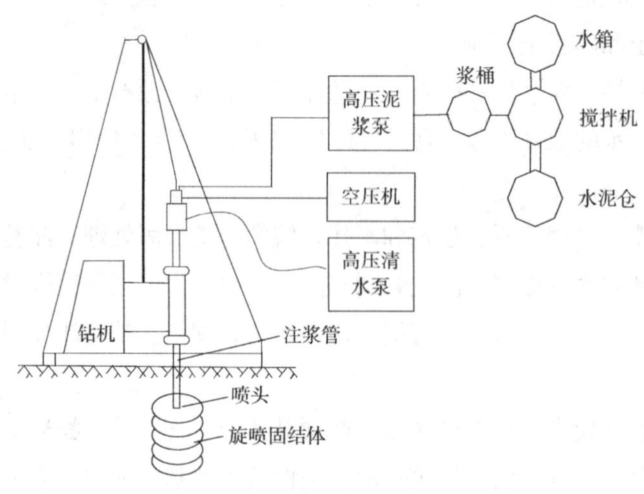

图 12.3-1 高压旋喷桩设备工作示意图

（2）设备参数

常见设备型号及主要技术参数见表 12.3-1。

常见设备型号及主要技术参数表 表 12.3-1

设备名称	型号	功率	数量	单位
旋喷钻杆	XY-4	10kW	1	台
高压柱塞泵	3D2-S2-85/45	75kW	1	台
空压机	$6m^3$	37kW	1 ~ 2	台
浆液搅拌机	立式	4kW	1	台
超高压注浆泵	XPB-90C[90kW]	90kW	1	台
排污泵	立式	7.5kW	1	台

续表

设备名称	型号	功率	数量	单位
超高压水泵	超高压水泵 [55kVA]	7.5kW	1	台
配套设备	若干（操纵控制系统、高压管路系统、材料储存系统以及各种管材、阀门接头安全设施等）			

注：1. 钻机的转速和提升速度，根据需要应附设调整装置，或增设慢速卷扬机。
2. 二重管法选用高压泥浆泵、空压机和高压胶管等可参照 20 世纪规格选用。
3. 三重管法尚需配备搅拌罐（一次搅拌量 $3.5m^3$）、旋转及提升装置、吊车、集泥箱、指挥信号装置等。
4. 其他尚需配各种压力、流量仪表等。

12.4 材料及参数

（1）水泥应采用普通硅酸盐水泥，要求新鲜无结块，一般泥浆水灰比为 1∶1 ~ 1∶1.5。为消除离析，一般再加入水泥用量 3% 的陶土、0.9‰的碱。浆液宜在旋喷前 1h 以内配制，使用时滤去硬块、砂石等，以免堵塞管路和喷嘴。

（2）高压喷射注浆法所用灌浆材料，主要是水泥和水，必要时加入少量外加剂。

1）搅拌水泥浆所用的水，应符合现行行业标准《混凝土用水标准》JGJ 63 的规定。

2）高压喷射注浆一般使用纯水泥浆液。在特殊地质条件下或有特殊要求时，根据工程需要，通过现场注浆试验论证可使用不同类型浆液，如水泥砂浆等。

3）根据需要可在水泥浆液加入粉细砂、粉煤灰、早强剂、速凝剂、水玻璃等外加剂。

（3）试桩及确定工艺参数

为保证施工质量应严格遵守试桩要求，在展开大批量制桩前进行试桩，以校验施工工艺参数是否合理，现根据工程经验提出试桩用工艺参数如下：

1）浆管：提升速度 12 ~ 18cm；旋转速度 10 ~ 20r/min。

2）水：压力 20 ~ 25MPa；流量 85L/min。

3）液压力：≥ 20MPa；流量> 60L/min。

4）空气：压力 0.5 ~ 0.9MPa；流量 $0.7m^3/min$。

5）水灰比：1∶1。

12.5 常规工艺流程及质量控制要点

12.5.1 施工工艺流程

常规工艺流程如图 12.5-1 所示。

12.5.2 施工准备

（1）在设计文件提供的各种技术资料的基础上做补充工程地质勘探，进一步了解各施工工点地基土的性质、埋藏条件。

（2）准备充足的水泥加固料和水。水泥的品种、规格、出厂时间经试验室检验符合现行国家标准及设计要求，并有质量合格证。严禁使用过期、受潮、结板、变质的加固料。一般水泥为普通硅酸盐水泥。水要干净，酸碱度适中，pH 值在 5 ~ 10 之间。

（3）根据补充勘探资料，在选择的试验工点加固范围内的各代表性地层用薄壁取土器采取必需数量的原状土送试验室，对取得的土样在进行试验之前应妥善保存，使土样的物理和化学性能尽可能保持不变。

（4）室内配合比试验。根据设计要求的喷浆量或现场土样的情况，按不同含水量设计并调整几种配合比，通过在室内将现场采取的土样进行风（烘）干、碾碎，过 2 ~ 5mm 筛的粉状土样，按设计喷浆量、水灰比搅拌、养护、力学试验，确定施工喷浆量、水灰比。一般水灰比可取 1.0 ~ 1.5。为改善水泥土的性能、防沉淀性能和提高强度，可适当掺入木质素磺硫钙、石膏、三乙醇胺、氯化钠、氯化钙、硫酸钠、陶土、碱等外掺剂。若试验之前土样的含水量发生了变化，应调整为天然含水量。

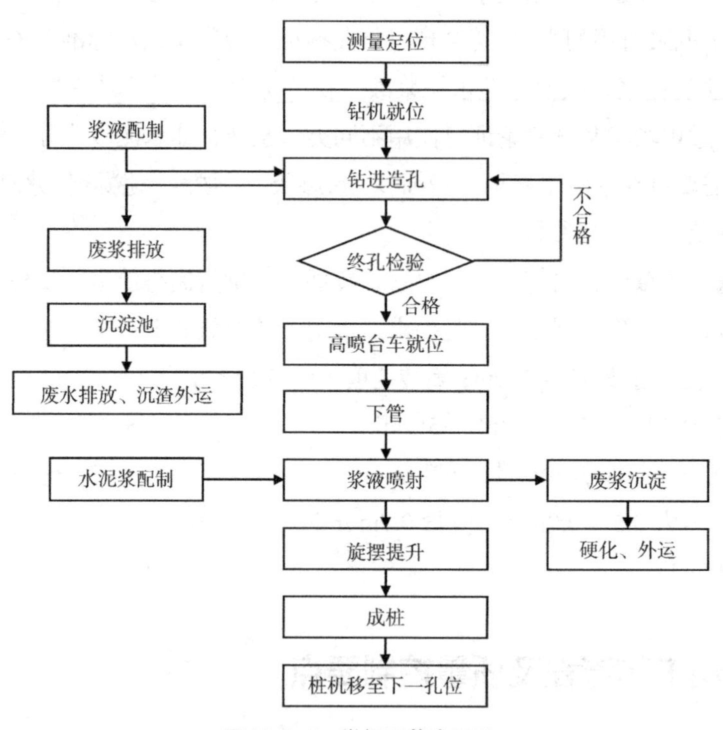

图 12.5-1　常规工艺流程图

（5）试桩试验。根据室内试验确定的施工喷浆量、水灰比制备水泥浆液，在试验工点打设数根试桩，并根据试桩结果，调整加固料的喷浆量，确定搅拌桩搅拌机提升速度、搅拌轴回转速度、喷入压力、停浆面等施工工艺参数。

（6）推土机、挖掘机配合自卸汽车清除地表 0.3m 厚的种植土、杂物，并将原地面按设计要求整平，填出路拱。根据施工现场实际情况，施作临时排、截水设施，并在施工范围以外开挖废泥浆池以及施工孔位至泥浆池间的排浆沟。

（7）按设计要求完成施工放样，用木桩定出桩位，用白石灰做出明显标识，如图 12.5-2 所示。

图 12.5-2　用白石灰做出明显标识

12.5.3　施工工序要点

（1）钻机定位。移动旋喷桩机到指定桩位，将钻头对准孔位中心，同时整平钻机，放置平稳、水平，钻杆的垂直度偏差不大于 1% ~ 1.5%。就位后，首先进行低压（0.5MPa）射水试验，用以检查喷嘴是否畅通，压力是否正常。

（2）制备水泥浆。桩机移位时，即开始按设计确定的配合比拌制水泥浆。首先将水加入桶中，再将水泥和外掺剂倒入，开动搅拌机搅拌 10 ~ 20min，而后拧开搅拌桶底部阀门，放入第一道筛网（孔径为 0.8mm），过滤后流入浆液池，然后通过泥浆泵抽进第二道过滤网（孔径为 0.8mm），第二次过滤后流入浆液桶中，待压浆时备用，现场制备水泥浆如图 12.5-3 所示。

（3）钻孔。当采用地质钻机钻孔时，钻头在预定桩位钻孔至设计标高（预钻孔孔径为 15cm）。

图 12.5-3　制备水泥浆

（4）插管。当采用旋喷注浆管进行钻孔作业时，钻孔和插管两道工序可合二为一。当第一阶段贯入土中时，可借助喷射管本身的喷射或振动贯入。其过程为：启动钻机，同时开启高压泥浆泵低压输送水泥浆液，使钻杆沿导向架振动、射流成孔下沉，直到桩底设计标高，观察工作电流不应大于额定值。三重管法钻机钻孔后，拔出钻杆，再插入旋喷管。在插管过程中，为防止泥砂堵塞喷嘴，可用较小压力（0.5 ~ 1.0MPa）边下管边射水，插管如图 12.5-4 所示。

图 12.5-4 插管

（5）提升喷浆管、搅拌。喷浆管下沉到达设计深度后，停止钻进，旋转不停，高压泥浆泵压力增到施工设计值（20 ~ 28MPa），坐底喷浆 30s 后，边喷浆，边旋转，同时严格按照设计和试桩确定的提升速度提升钻杆。若为二重管法或三重管法施工，在达到设计深度后，接通高压水管、空压管，开动高压清水泵、泥浆泵、空压机和钻机进行旋转，并用仪表控制压力、流量和风量，分别达到预定数值时开始提升，继续旋喷和提升，直至达到预期的加固高度后停止。

（6）桩头部分处理。当旋喷管提升接近桩顶时，应从桩顶以下 1.0m 开始，慢速提升旋喷，旋喷数秒，再向上慢速提升 0.5m，直至桩顶停浆面。

（7）若遇砾石地层，为保证桩径，可重复喷浆、搅拌：按上述（4）~（6）步骤重复喷浆、搅拌，直至喷浆管提升至停浆面，关闭高压泥浆泵，停止水泥浆的输送，将旋喷浆管旋转提升出地面，关闭钻机。

（8）清洗。向浆液罐中注入适量清水，开启高压泵，清洗全部管路中残存的水泥浆，直至基本干净，并将粘附在喷浆管头上的土清洗干净。

（9）移位。移动桩机进行下一根桩的施工。

（10）补浆。喷射注浆作业完成后，由于浆液的析水作用，一般均有不同程度的收缩，使固结体顶部出现凹穴，要及时用水灰比为 1.0 的水泥浆补灌。

12.5.4 质量控制要点

（1）测量放线：根据设计的施工图测量放出的施工轴线，根据现行行业标准《建筑桩基技术规范》JCJ 94 第 6.2.4 条规定，允许偏差为 10mm，当长度大于 60m 时，允许偏差为 15mm。

（2）确定孔位：测量孔口地面高程允许偏差不超过 1cm，定孔位允许偏差不超过 2cm。

（3）钻机造孔：钻机就位，主钻杆中心轴线对准孔位允许偏差不超过 5cm。

1）钻孔口径：开孔口径不大于喷射管外径 10cm，终孔口径应大于喷射管外径 2cm。

2）钻孔护壁：采用泥浆护壁，黏土泥浆密度为 1.1 ~ 1.25g/cm^3。

3）钻先导孔：每间隔 20m 布置一个先导孔，终孔时 1m 取芯鉴别岩性。

4）钻孔深度：终孔深度大于设计开喷深度 0.5 ~ 1.0m。

5）孔内测斜：孔深小于 30m 时，孔斜率不大于 1%，其余不得大于 1.5%。

（4）测量孔深：钻孔终孔时测量钻杆钻具长度，允许偏差不超过 5cm。

（5）下喷射管：喷射管下至设计开喷深度允许偏差不超过 10cm。

1）喷射管：测量喷射管总长度，允许误差不超过 2%，喷射管每隔 0.5m 标识尺度。

2）方向箭：测量喷嘴中心线与喷射管方向线允许误差不超过 1°。

3）调试喷嘴：确定喷射设计压力时，试压管路不大于 20m，更换喷嘴时重新调试。

4）喷射压力：施工用的标准喷射压力等于设计喷射压力加上管路压力。

5）喷射方向：确定喷射方向允许偏差不超过 ±1°。

（6）搅拌制浆：使用高速搅拌机不少于 60s，使用普通搅拌机不少于 180s。

1）单管法、两管法，密度为 1.6 ~ 1.7g/cm^3。

2）制浆材料称量其误差应不大于 5%，称量密度偏差不超过 ±0.1g/cm^3。纯水泥浆的搅拌存放时间不超过 2.5h，浆液温度应保持在 5 ~ 40℃。

3）所进水泥每 400t 取样化验 1 次，检测水泥安定性和强度指标。

4）水泥的使用按出厂日期和批号，依次使用，不合格的水泥严禁使用。

（7）供水供气：高压（浆）水压力不小于 20MPa，气压力控制在 0.5 ~ 0.8MPa。

1）高压浆：施工用高压浆压力偏差不超过 ±1MPa，流量偏差不超过 ±1L/min。

2）高压水：施工用高压水压力偏差不超过 ±1MPa，流量偏差不超过 ±1L/min。

3）压缩气：施工用压缩气压力偏差不超过 ±0.1MPa，流量偏差不超过 ±1L/min。

（8）喷射注浆：高压喷射注浆开喷后，待水泥浆液返出孔口后，开始提升。喷射过程中出现压力突降或骤增，必须查明原因，及时处理。喷射过程中孔内漏浆，停止提升。

1）检查喷头：不合格的喷头、喷嘴、气嘴禁止使用。

2）复喷搭接：喷射中断 0.5h、1h、4h 的，分为增加喷射长度和强度，喷射管喷头必须下落到开喷原位。

3）冒浆：三管法，高压喷射注浆在砂土及砂砾卵石层施工，孔口冒出的浆液经过滤沉淀处理后方可利用，回收浆液密度为 1.2 ~ 1.3g/cm^3。

（9）旋摆提升：当碎石土呈骨架结构时应慎重使用高压喷射注浆施工工艺。

1）旋喷：旋摆次数允许偏差不超过设计值 ±0.5r/min。

2）摆喷：摆动次数允许偏差不超过设计值 ±1 次 /min。

3）提升：旋、摆、定喷提升速度，允许偏差不超过设计值 ±1cm/min。

（10）成桩成墙：旋喷成桩、摆喷成墙、定喷成板，几何尺寸应满足设计要求。

（11）充填回灌：终喷提出喷射管后，应及时向孔内充填灌浆，直到饱满。

1）将输浆管插入孔内浆面以下 2m，输入注浆时用的浆液进行充填灌浆。

2）充填灌浆须多次反复进行，回灌标准是：直到饱满，孔口浆面不再下沉为止。

（12）清洗结束：每一孔注浆完成后，用清水将灌浆泵和输浆管路彻底冲洗干净。

12.5.5 成品质量

（1）高压喷射注浆形成的桩、墙、板各项技术指标应满足设计要求：

1）旋喷桩直径应大于等于设计桩直径，其强度和抗渗指标应满足设计要求。

2）摆喷墙平均厚度应大于等于设计墙厚，其强度和抗渗指标应满足设计要求。

3）定喷板最小厚度应大于等于设计板厚，其强度和抗渗指标应满足设计要求。

（2）地基加固工程，经高压喷射注浆处理的地基承载力必须满足设计要求。

12.6 检验与验收

12.6.1 一般规定

（1）施工前应进行成桩工艺性能试验（不少于 3 根），确定各项工艺参数并报监理单位确认后，方可进行施工。

（2）高压旋喷桩大面积施工前，应进行单桩或复合地基承载力试验，以确认设计参数。

（3）施工前应做好场地准备，设置回浆池，喷浆过程中冒出的浆液、泥土必须及时清理。

（4）破除桩头不得影响桩的完整性，应采用截桩机等专用设备切割桩头。

（5）根据现行国家标准《建筑地基基础工程施工质量验收标准》GB 50202 第 5.1.5 条与现行行业标准《建筑基桩检测技术规范》JGJ 106 第 3.1.1 条，高压旋喷桩施工的允许偏差、检验数量及检验方法应符合表 12.6-1 的规定。

高压旋喷桩施工的允许偏差、检验数量及检验方法　　表 12.6-1

序号	检验项目	允许偏差	检验数量	检验方法
1	桩位（纵横向）	50mm	按成桩总数的 10% 抽样检验，且每检验批不少于 5 根	测量仪器或钢尺丈量
2	桩体垂直度	1%		经测量仪器或吊线测钻杆倾斜度
3	桩体有效直径	不小于设计值		开挖 50 ~ 100cm 深后，钢尺丈量

12.6.2 主控项目

（1）高压喷射注浆所用的水泥和外加剂品种、规格及质量应符合设计要求。

1）检验数量:同一产地、品种、规格、批号的水泥和外加剂，袋装水泥每 200t 为一批、散装水泥 500t 为一批，当袋装水泥及外加剂不足 200t 或散装水泥不足 500t 时也按一批计。施工单位每批抽样检验 1 组。监理单位按施工单位抽样检验数量的 20% 见证检验。

2）检验方法：检查产品质量证明文件及抽样检验。

（2）浆液的拌制质量的检验应符合设计要求。

1）检验数量：同一产地、品种、规格、批号的固化料和外加剂，每 200t 为一批，当不足 200t 时也按一批计。施工单位每批抽样检验 1 组。监理单位按施工单位抽样数量的 20% 见证检验。

2）检验方法：查验产品质量证明文件及抽样试验。

（3）高压旋喷桩的数量、布桩形式应符合设计要求。

1）检验数量：施工单位、监理单位全部检验。

2）检验方法：观察、尺量。

（4）高压旋喷桩施工过程中，应记录施工设备贯入地层的反应，核查地质资料。

1）检验数量:施工单位每根桩记录。监理单位按施工单位检验数量的 20% 平行检验。

2）检验方法：检查施工记录。

（5）高压旋喷桩的长度应符合设计要求。

1）检验数量:施工单位每根桩检验。监理单位按施工单位检验数量的 20% 平行检验。

2）检验方法:测量钻杆长度,并在施工中检查是否达到设计深度标志。检查施工记录。

（6）注浆流量、空气压力、注浆泵压力、钻杆提升速度、转速等参数应符合试桩工艺参数。

1）检验数量：施工单位每根桩施工过程中抽检 2 次。监理单位按施工单位检验数量的 20% 见证检验。

2）检验方法：查看仪表读数，秒表、钢尺测量。检查施工记录。

（7）高压旋喷桩的完整性、均匀性、无侧限抗压强度应满足设计要求。

1）检验数量：施工单位抽样检验桩总数的 2‰，且不少于 3 根。监理单位按施工单位抽样数量的 20% 见证检验。

2）检验方法：桩完工 28d 后，在每根检测桩桩径方向 1/4 处、桩长范围内垂直钻孔取芯，观察其完整性、均匀性，拍摄取出芯样的照片，取上、中、下不同深度的 3 个试样做无侧限抗压强度试验。钻芯后的孔洞采用水泥砂浆灌注封闭。

（8）高压旋喷桩处理后的单桩或复合地基承载力应满足设计要求。

1）检验数量：总桩数的 2‰，且每工点不少于 3 根。监理单位全部见证检验，勘察设计单位现场确认。

2）检验方法：平板载荷试验，勘察设计单位对是否满足设计要求进行确认。

12.7 质量通病防治

质量通病防治见表 12.7-1。

质量通病防治　　表 12.7-1

质量通病	不冒浆或冒浆量少
形成原因	（1）加固土层粒径过大，孔隙较多； （2）旁站人员未对桩机进行有效监控
防治方法	（1）加大浆液浓度，可以从 1.1 加大到 1.3 左右继续喷射；灌注黏土浆或加细砂、中砂，待孔隙填满后再继续正常喷射，也可在浆液中掺加骨料，加泥球封闭后继续正常喷射。灌注水泥砂浆后，再将孔内水泥浆置换成黏土浆，待孔隙填满后继续正常喷射； （2）加强对旁站人员的教育，增强其责任心，让旁站人员加强对桩机进行有效监控
 相关图片或示意图	

续表

质量通病	冒浆量过大
形成原因	有效喷射范围与喷浆量不适应
防治方法	（1）提高喷射压力； （2）适当缩小喷嘴直径； （3）适当加快提升速度； （4）由于冒浆中含有地层颗粒和浆液的混合体，目前对冒浆中的水泥的分离回收尚无适宜方法，在施工中多采用过滤、沉淀、回收调整浓度后再利用
相关图片或示意图	冒浆量过大
质量通病	成桩桩头凹穴
形成原因	（1）浆液析水后收缩； （2）过早停止注浆
防治方法	（1）在喷射灌浆完毕时，即连续或间断地向喷射孔内静压灌注浆液，直至孔内混合液凝固不再下沉； （2）在喷射灌浆完成后，向凝固体与其上部结构之间的空隙进行第二次静压灌浆，浆液的配合比应为不收缩且具有膨胀性的材料，如采用水泥：水 =1：1.5 的浆液
相关图片或示意图	
质量通病	断桩
形成原因	喷射管分段提升时，接头处搭接长度不够，甚至没有搭接
防治方法	保证搭接长度不小于 0.1 ~ 0.2m
相关图片或示意图	比桩身强度高一级的混凝土 D+200 剔平、凿毛 用水冲洗干净 b 100 100 D 100

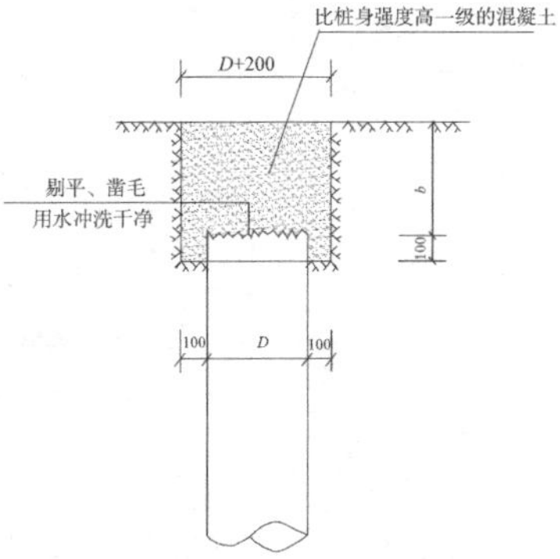

续表

质量通病	桩体截面抗压强度偏低
形成原因	生产桩体截面抗压强度偏低原因主要是水泥含量小、土砂含量大、喷浆水量大、提升速度过快
防治方法	调整适当的注浆工艺或优化水灰比
相关图片或示意图	

参考文献

[1] 杨昕 . 喷射混凝土施工技术在公路隧道施工中的应用研究 [J]. 运输经理世界，2023（34）：64-66.

[2] 李征 . 湿喷混凝土施工技术在铁路隧道工程中的应用 [J]. 北方建筑，2024，9（01）：79-82.

[3] 王建 . 喷锚加固技术在公路边坡工程中的应用研究 [J]. 工程技术研究，2024，9（02）：73-75.

[4] 中国冶金建设协会，中华人民共和国住房和城乡建设部，中华人民共和国国家市场监督管理总局 . 岩土锚杆与喷射混凝土支护工程技术规范：GB 50086-2015[S]. 北京：中国计划出版社，2016.

[5] 中国建筑科学研究院 . 混凝土质量控制标准：GB 50164-2011[S]. 北京：中国建筑工业出版社，2011.

[6] 中国建筑科学研究院 . 混凝土强度检验评定标准：GB/T 50107-2010[S]. 北京：中国建筑工业出版社，2010.

[7] 中国建筑科学研究院 . 混凝土结构工程施工质量验收规范：GB 50204-2015[M]. 北京：中国建筑工业出版社，2015.

[8] 中华人民共和国住房和城乡建设部 . 喷射混凝土应用技术规程：JGJ/T 372-2016[S]. 北京：中国建筑工业出版社，2016.

[9] 中国工程建设标准化协会 . 喷射混凝土加固技术规程：CECS 161-2004[S]. 北京：中国建筑工业出版社，2004.

[10] 中华人民共和国国务院 . 建设工程安全生产管理条例 .2003.

[11] 中国建筑材料研究院研究所 . 用于水泥和混凝土中的粉煤灰 [M]. 北京：中国标准出版社，1991.

[12] 孟伟 . 建筑工程基坑土钉墙施工技术 [J]. 工程机械与维修，2024，（01）：168-170.

[13] 曹庆万 . 土钉墙在边坡支护中的应用 [J]. 中国住宅设施，2023，（12）：160-162.

[14] 济南大学等 . 复合土钉墙基坑支护技术规范：GB 50739-2011[S]. 北京：中国计划出版社，2012.

[15] 中国工程建设标准化协会 . 基坑土钉支护技术规程：CECS 96：97[S]. 北京：中国计划出版社，1997.

[16] 重庆市设计院 . 建筑边坡工程技术规范：GB 50330-2013[M]. 北京：中国建筑工业出版社，2014.

[17] 重庆一建建设集团有限公司等．建筑边坡工程鉴定与加固技术规范：GB 50843-2013[S]. 北京：中国建筑工业出版社，2013.

[18] 中华人民共和国住房和城乡建设部．建筑基坑支护技术规程：JGJ 120-2012[S]. 北京：中国建筑工业出版社，2012.

[19] 陕西省建设工程质量安全监督总站．湿陷性黄土地区建筑基坑工程安全技术规程：JGJ 167-2009[S]. 北京：中国建筑工业出版社，2009.

[20] 中华人民共和国建设部．混凝土用水标准：JGJ 63-2006[M]. 北京：中国建筑工业出版社，2006.

[21] 中国建筑科学研究院，等．普通混凝土用砂、石质量及检验方法标准：JGJ 52-2006[S]. 北京：中国建筑工业出版社，2007.

[22] 沈阳建筑大学．施工现场临时用电安全技术规范：JGJ 46-2005[S]. 北京：中国建筑工业出版社，2005.

[23] 陈慈航．岩土工程中的新型岩土锚杆术研究 [J]. 城市建设理论研究（电子版），2019，(10)：72.

[24] 朱忠钱．岩土工程中抗浮锚杆施工技术的研究与分析 [J]. 居舍，2023，(36)：67-70.

[25] 中华人民共和国住房和城乡建设部．建筑地基基础工程施工质量验收标准：GB 50202-2018[S]. 北京：中国计划出版社，2018.

[26] 中冶集团建筑研究总院．岩土锚杆（索）技术规程：CECS 22-2005[S]. 北京：中国计划出版社，2005.

[27] 中华人民共和国住房和城乡建设部．锚杆检测与监测技术规程：JGJ/T 401-2017[S]. 北京：中国建筑工业出版社，2017.

[28] 长江大学．锚杆锚固质量无损检测技术规程：JGJ/T 182-2009[S]. 北京：中国建筑工业出版社，2010.

[29] 天津市新天钢中兴盛达有限公司，等．预应力混凝土用钢绞线：GB/T 5224-2014[S]. 北京：中国标准出版社，2024.

[30] 中国建筑科学研究院，等．预应力筋用锚具、夹具和连接器应用技术规程：JGJ 85-2010[S]. 北京：中国建筑工业出版社，2010.

[31] 王磊．工程施工中的深基坑钢板桩支护技术探究 [J]. 居业，2024，(02)：64-66.

[32] 中华人民共和国住房和城乡建设部．建筑深基坑工程施工安全技术规范：JGJ 311-2013[S]. 北京：中国建筑工业出版社，2014.

[33] 陕西省建筑科学研究院，等．钢筋焊接及验收规程：JGJ 18-2012[S]. 北京：中国建筑工业出版社，2012.

[34] 中华人民共和国住房和城乡建设部．建筑机械使用安全技术规程：JGJ 33-2012[S]. 北京：中国建筑工业出版社，2012.

[35] 上海建工集团股份有限公司，等 . 建筑地基基础工程施工规范：GB 51004-2015[S]. 北京：中国计划出版社，2015.

[36] 聂翠翠 . 地下连续墙在建筑地基中的应用研究 [J]. 砖瓦，2023，(10)：137-139.

[37] 中国建筑科学研究院 . 混凝土结构设计规范：GB 50010-2010[S]. 北京：中国建筑工业出版社，2011.

[38] 中华人民共和国住房和城乡建设部 . 钢结构设计标准：GB 50017-2017[S]. 北京：中国建筑工业出版社，2018.

[39] 中国建筑科学研究院，等 . 建筑桩基技术规范：JGJ 94-2008[S]. 北京：中国建筑工业出版社，2008.

[40] 山西建筑工程（集团）总公司，等 . 地下防水工程质量验收规范：GB 50208-2011[S]. 北京：中国建筑工业出版社，2012.

[41] 中国建筑科学研究院 . 钢筋机械连接技术规程：JGJ 107-2016[S]. 北京：中国建筑工业出版社，2016.

[42] 上海现代建筑设计（集团）有限公司，浙江环宇建设集团有限公司 . 型钢水泥土搅拌墙技术规程：JGJ/T 199-2010[S]. 北京：中国建筑工业出版社，2010.

[43] 中国建筑科学研究院，哈尔滨工业大学 . 建筑施工扣件式钢管脚手架安全技术规范：JGJ 130-2011[S]. 北京：中国建筑工业出版社，2011.

[44] 中冶建筑研究总院有限公司，等 . 钢结构工程施工质量验收标准：GB50205-2020[S]. 北京：中计划出版社，2020.

[45] 中国建筑科学研究院，等 . 混凝土质量控制标准：GB 50164-2011[S]. 北京：中国建筑工业出版社，2012.

[46] 李正义，李俊龙，甘超，等 . 旋挖钻孔灌注桩在建筑桩基工程施工中的应用 [J]. 建筑技术开发，2022，49（13）：153-155.

[47] 中华人民共和国住房和城乡建设部 . 建筑地基基础设计规范：GB 50007-2011[S]. 北京：中国计划出版社，2012.

[48] 建设部综合勘察研究设计院 . 岩土工程勘察规范：GB 50021-2001[S]. 北京：中国建筑工业出版社，2004.

[49] 中华人民共和国住房和城乡建设部 . 工程测量标准：GB 50026-2020[S]. 北京：中国计划出版社，2021.

[50] 中华人民共和国住房和城乡建设部 . 膨胀土地区建筑技术规范：GB 50112-2013[S]. 北京：中国建筑工业出版社，2013.

[51] 中华人民共和国住房和城乡建设部 . 建筑工程施工质量验收统一标准：GB 50300-2013[S]. 北京：中国建筑工业出版社，2014.

[52] 中华人民共和国住房和城乡建设部 . 混凝土结构工程施工规范：GB 50666-2011[S]. 北京：

中国建筑工业出版社，2012.
[53] 中国建筑标准设计研究院 . 混凝土结构施工图平面整体表示方法制图规则和构造详图 [M]. 北京：中国计划出版社，2006.
[54] 中国建筑科学研究院 . 建筑基桩检测技术规范：JGJ 106-2014[S]. 北京：中国建筑工业出版社，2014.
[55] 薛磊，马章历 . 浅谈冲击成孔灌注桩施工工艺技术及质量控制要点 [C]// 中国建筑业协会深基础与地下空间工程分会，中国工程机械工业协会桩工机械分会，中国工程机械学会桩工机械分会，等 . 第十二届深基础工程发展论坛论文集 . 北京：中国建筑工业出版社，2022，2.
[56] 中国建筑科学研究院 . 建筑地基处理技术规范：JGJ 79-2012[S]. 北京：中国建筑工业出版社，2002.
[57] 中国建筑科学研究院 . 混凝土强度检验评定标准：GB/T 50107-2010[S]. 北京：中国建筑工业出版社，2010.
[58] 蔺生林 . 预应力混凝土管桩在房建工程地基处理中的应用研究 [J]. 房地产世界，2023，(14)：118-120.
[59] 苏州混凝土水泥制品研究院有限公司，等 . 先张法预应力混凝土管桩：GB/T 13476-2023[S]. 北京：中国标准出版社，2024.
[60] 中华人民共和国住房和城乡建设部 . 预应力混凝土管桩技术标准：JGJ/T 406-2017[S]. 北京：中国建筑工业出版社，2018.
[61] 中国建筑标准设计研究院 . 预应力混凝土管桩结构专业：10G409[M]. 北京：中国计划出版社，2010.
[62] 浙江省住房和城乡建设厅 . 复合地基技术规范：GB/T 50783-2012[S]. 北京：中国计划出版社，2012.
[63] 陕西省建筑科学研究院有限公司，等 . 湿陷性黄土地区建筑标准：GB 50025-2018[S]. 北京：中国建筑工业出版社，2019.
[64] 福建省建筑科学研究院 . 建筑地基检测技术规范：JGJ 340-2015[S]. 北京：中国建筑工业出版社，2015.
[65] 山西省机械施工公司，山西建筑工程（集团）总公司 . 强夯地基处理技术规程：CECS 279-2010[S]. 北京：中国计划出版社，2010.
[66] 龚晓南 . 地基处理手册（第三版）[M]. 北京：中国建筑工业出版社，2008.
[67] 中华人民共和国住房和城乡建设部 . 水泥土配合比设计规程：JGJ/T 233-2011[S]. 北京：中国建筑工业出版社，2011.
[68] 戚建林，和振兴，李文恒 . 高压旋喷桩处理淤泥地基施工工艺研究 [J]. 水利建设与管理，2023，43（增 1）：121-124.
[69] 济南大学，等 . 建筑基坑工程监测技术标准：GB 50497-2019[S]. 北京：中国计划出版社，2020.